Spring 5
设计模式

[英] Dinesh Rajput 著

梁桂钊 程 超 祝坤荣 译

资深互联网架构师倾力撰写/全书内容由浅入深倾囊相授

中国水利水电出版社
www.waterpub.com.cn

·北京·

内 容 提 要

现在，大部分公司已经将 Spring 作为企业级应用程序开发的主要框架。本书的主要目的是讨论 Spring 框架使用的设计模式，以及在 Spring 框架中如何实现。

本书能够帮助读者学习并理解 Spring 框架所使用的设计模式以及它如何解决企业级应用程序中常见的设计问题，同时也能够帮助读者了解 Spring 5 的增强特性及其引入的许多新特性。这本书分为三个部分，涵盖 12 章的内容。第一部分介绍设计模式和 Spring 框架的要点；第二部分展示 Spring 在应用程序中如何使用；第三部分会对此进行扩展，涉及如何使用 Spring 构建 Web 应用程序，并介绍了 Spring 5 反应式编程特性。此外，还探讨了如何在企业应用程序中处理并发等问题。

本书面向所有服务端从业人员，可作为技术新人到架构师的参考用书。

图书在版编目（CIP）数据

Spring 5 设计模式 /（英）迪纳什·拉吉普特著；梁桂钊，
程超，祝坤荣译 . —北京：中国水利水电出版社，2021.2
书名原文：Spring 5 Design Patterns
ISBN 978-7-5170-9055-7

Ⅰ.①S… Ⅱ.①迪… ②梁… ③程… ④祝… Ⅲ.① JAVA
语言—程序设计 Ⅳ.① TP312.8

中国版本图书馆 CIP 数据核字 (2020) 第 230095 号

书　　名	Spring 5 设计模式 Spring 5 SHEJI MOSHI
作　　者	［英］Dinesh Rajput　著 梁桂钊　程超　祝坤荣　译
出版发行	中国水利水电出版社 （北京市海淀区玉渊潭南路 1 号 D 座 100038） 网址：http：//www.waterpub.com.cn E-mail：zhiboshangshu@163.com 电话：（010）62572966-2205/2266/2201（营销中心）
经　　售	北京科水图书销售中心（零售） 电话：（010）88383994、63202643、68545874 全国各地新华书店和相关出版物销售网点
排　　版	北京智博尚书文化传媒有限公司
印　　刷	河北文福旺印刷有限公司
规　　格	190mm×235mm　16 开本　19.25 印张　397 千字
版　　次	2021 年 2 月第 1 版　2021 年 2 月第 1 次印刷
印　　数	0001—5000 册
定　　价	79.00 元

译者序

Rod Johnson 在 2002 年撰写 *Expert One-on-One J2EE Design and Development* 一书，并在 2003 年 2 月左右开始启动开源项目。由于该书影响甚广，开发者 Juergen Hoeller 和 Yann Caroff 也参与了进来，Yann Caroff 将这个新框架命名为 Spring，三人共同创建 Spring 框架。至此，Spring 框架开启了迅速发展之路。Spring 2 于 2006 年 10 月发布，支持 Java 5。2007 年，团队发布了 Spring 2.5，支持 Java 6/JavaEE 5。2009 年 12 月，Spring 3 发布。2013 年 12 月，Pivotal 发布 Spring 4。Spring 4 支持 Java 8/JavaEE 7，提供更高的第三方库依赖性。如今，Spring 框架已经是第 5 个主要版本了。Spring 5 框架至少要求 Java 8/JavaEE 7 支持，其中最让人兴奋的是支持响应式编程模型，以及提供专门的 HTTP 2 特性支持和 Java 9 中的新 HTTP 客户端。需要注意的是，随着 Spring 社区的发展，现在 Spring 广义上是指以 Spring 框架为核心的 Spring 技术栈，包括 Spring Data、Spring Batch、Spring Security、Spring Boot 和 Spring Cloud 等。

在 Java 早期，除了 Spring 之外，几乎所有的 Java 技术集成都比较复杂，如 EJB。而 Spring 相对于其他现有的 Java 技术而言，它提供了一个更简单、更精简、更轻量级的编程模型，使得其面世之后就广被追捧。时至今日，已成为 Java 生态中最为重要的框架之一。事实上，企业级应用程序开发的过程很复杂，而 Spring 就是被用来解决这些问题并使开发者简化流程的。为了可重用代码，提高代码的可扩展性和可维护性，在 Spring 框架中大量使用到设计模式。

谈及设计模式，一定要说一下 Erich Gamma、Richard Helm、Ralph Johnson 和 John Vlissides 这四个人。他们被称为 GoF（Gang of Four，四人帮），出版了一本名为 *Elements of Reusable Object-Oriented Software* 的书，它在软件开发层面阐述了设计模式的概念，提供软件设计中反复出现的常见问题的解决方案。其中涵盖核心的设计模式：创建模式、结构模式和行为模式。创建模式：该类模式在构造方法不能满足需求时，提供了一种构造对象的方法。而其创建对象的逻辑是对外隐藏的。基于这些模式的程序会根据需求和场景来使得对象创建变得更加灵活。结构模式：该类模式处理类或对象的组合。在企业级应用中，有两个面向对象系统的常用技术：一个是类继承，另一个是对象组合。继承的对象组合用于组装接口，并定义组合对象以获得新功能的方法。行为模式：该类模式描述了类或对象交互以及职责的分配。这些设计模式特别关注对象之间的通信行为。行为模式用于控制和减少企业级应用中复杂的应用流。本书主要探讨 Spring 框架背后使用的设计模式，以及它们是如何在 Spring 框架中实现的，不仅涵盖 GoF 设计模式，还包括 J2EE 的设计模式（表示层的设计模式、业务层的设计模式、集成层的设计模式）和并发模式（主动对象模式、监视器对象模式、半同步／半异步模式、领导者／跟随者模式、线程独有的存储库模式、反应器模式）等。

本书译者团队的成员包含程超、祝坤荣和我。我们团队的成员都不在一个城市，来自祖国各地，但我们是因为追求技术的初心而凝聚在一起，这就是团队精神。起初，我在读完《Spring 5 设计模式》原书之后受益颇多，并非常激动地推荐给了程超。在此之后，我们都觉得这本书很有必要引入国内，而此时偶遇编辑剧艳婕，交谈后剧编辑决定引进本书，我也接下了翻译本书的重任。紧接着，祝坤荣老师也加入了团队。动笔之时，我们满怀信心，然而翻译过程中却遇到了非常多的困难。另外，由于工作繁忙，翻译进度时断时续，甚至出现了多次放弃的念头。写作或翻译是一个漫长而枯燥的过程，光有热血是不够的，还要有足够的知识储备以及持之以恒的心。不忘初心，方得始终。我们的初心就是探索前沿技术与知识布道，帮助读者建立完整的知识体系。以此书致敬自己的职业生涯，并且期望把它作为新年的礼物与读者分享。

由于水平有限，翻译时难免有错漏之处，后续可以通过勘误的方式不断优化，欢迎读者多提宝贵意见。

梁桂钊

前　言

《Spring 5 设计模式》适合所有想学习 Spring 框架的 Java 开发人员。因此，Java 开发人员可从本书学习并理解 Spring 框架所使用的设计模式以及它如何解决企业级应用程序中常见的设计问题。在阅读本书之前，读者应该掌握 Java、JSP、Servlet 和 XML 的基本知识。

Spring 5 框架是 Pivotal 最近推出的一个响应式编程框架。Spring 5 引入了许多新的特性，以及针对之前版本的增强特性。《Spring 5 设计模式》将带读者深入了解 Spring 框架。

现在，绝大多数的公司都已经将 Spring 作为企业级应用程序开发的主要框架。对于 Spring，不需要外部的服务器就可以使用它。写这本书的目的是讨论 Spring 框架背后使用的设计模式，以及它们是如何在 Spring 框架中实现的。书中还提供了一些在应用程序的设计和开发中必须使用的最佳实践。

《Spring 5 设计模式》分为三部分。第一部分介绍设计模式和 Spring 框架的要点；第二部分介绍 Spring 在应用程序中的使用；第三部分基于第二部分进行扩展，涉及到如何使用 Spring 构建 Web 应用程序，并介绍了 Spring 5 响应式编程特性。这里，还会探讨到如何在企业应用程序中处理并发等问题。

这本书涵盖了什么

第 1 章概述了 Spring 5 框架以及其所有新功能，包括 DI 和 AOP 的一些基本示例。

第 2 章概述了 GoF 设计模式系列的核心设计模式，包括应用程序设计的一些最佳实践；以及使用设计模式解决的常见问题。

第 3 章概述了 GoF 设计模式系列的结构和行为设计模式，包括应用程序设计的一些最佳实践；以及使用设计模式解决的常见问题。

第 4 章概述了依赖注入模式，并详细介绍应用程序中 Spring 的配置。本章展示了应用程序中的各种配置方式，包括配置 XML、Annotation、Java 和混合。

第 5 章概述了容器管理的 Spring Bean 生命周期，包括对 Spring 容器和 IoC 的理解。还介绍了 Spring Bean 生命周期回调处理和后置处理程序。

第 6 章概述了如何使用 Spring AOP 在应用开发中把所有横切关注点与业务逻辑分开。本章将使用 AOP 提供声明性服务，如事务、安全性和缓存。

第 7 章概述了如何使用 Spring 和 JDBC 访问数据；我们将学习如何使用比原生 JDBC 简单得多的 Spring JDBC 的方式查询关系数据库。

第 8 章概述了 Spring 如何与 ORM 框架集成，比如集成 Hibernate 和 Java 持久性 API（JPA）实现 Spring 事务管理，包括 Spring Data JPA 提供的动态查询生成特性。

第 9 章概述了如何在不使用数据库的情况下提高应用程序性能，以及 Spring 如何提供对缓存数据的支持。

第 10 章概述了使用 Spring MVC 开发 Web 应用程序。读者将学习 MVC 模式、前端控制器模式、Dispatcher Servlet 和 Spring MVC 的基础知识，这是一个基于 Spring 构建的 Web 框架。读者将了解如何编写控制器来处理 Web 请求，并学习如何透明地将请求参数和消息体绑定到业务对象，同时提供验证和异常处理。本章还简要介绍了 Spring MVC 中的视图和视图解析器。

第 11 章概述了用异步数据流编程的响应式编程模型，以及如何在 Spring Web 模块中实现响应式系统。

第 12 章概述了在 Web 服务器内处理多个连接时的并发性。正如在架构模型中所概述的，请求处理与应用程序逻辑是分离的。

阅读这本书你需要什么

这本书可以在没有电脑或笔记本电脑的情况下阅读。本书的示例基于 Java 8，可以从 http://www.oracle.com/technetwork/java/javase/downloads/jdk8-downloads-2133151.html 下载。还需要 IDE 运行示例，此处使用 Spring 工具套件，请选择操作系统 (Windows、macOS 或 Linux)，并从 https://spring.io/tools/sts/all 下载。

本书面向的读者

《Spring 5 设计模式》适用于所有想学习 Spring 框架的 Java 开发人员。因此，Java 开发人员将在这本书学习并理解 Spring 框架所使用的设计模式以及它如何解决企业级应用程序中常见的设计问题。在阅读本书前，读者应该掌握 Java、JSP、Servlet 和 XML 的基本知识。

审稿人

    Rajeev Kumar Mohan 在 IT、软件开发和企业培训方面拥有超过 17 年的经验。他曾供职于 IBM、Pentasoft、Sapient 和 Deft Infosystems 等多个 IT 公司，并从程序员转型为技术经理。他专注于 Java、J2EE 及相关框架、Android 和许多 UI 技术。

    Rajeev 是有机化学、计算机科学和工商管理硕士。Rajeev 是 HCL、Amdocs、Steria、TCS、Wipro、Oracle 大学、IBM、CSC、Genpact、Sapient Infosys 和 Capgemini 的招聘顾问和培训顾问。同时，Rajeev 是 SNS 信息技术公司（总部位于诺伊达）的创始人。同时，他还为国家时装技术研究所工作。

    Rajeev 说，"我非常荣幸有机会能阅读这本书。我还要感谢我的孩子 Sana、Saina 和妻子 Nilam 的支持，感谢他们的鼓励，我才能按时完成审稿。"

目 录

第 1 章 Spring 5 框架和设计模式入门

本章将帮助你更好地理解 Spring 框架和 Spring 如何成功地使用设计模式。从 Spring 框架简介开始，了解 Spring 5 的新特性、增强功能和 Spring 框架主要模块中使用的设计模式。

在本章的结尾，将了解 Spring 是如何工作，如何利用设计模式解决企业级应用设计分层的常见问题，如何提高组件之间的松耦合以及如何通过使用 Spring 及其设计模式来简化应用程序开发。

涵盖主题如下：

- 介绍 Spring 及其设计模式简化应用程序开发。
- 使用 POJO 模式。
- 依赖注入。
- 使用切面横切关注点。
- 使用模板方法模式消除样板代码。
- 使用工厂模式创建包含 Bean 的 Spring 容器。
- 使用应用上下文创建容器。
- Spring 中 Bean 的生命周期。
- Spring 模块。
- Spring 5 的新特性。

1.1 Spring 框架简介

早期 Java 有很多 Java 技术框架可以提供企业级解决方案来构建应用程序。然而，维护应用程序并不容易，因为它与框架紧密结合。几年前，除了 Spring 之外，几乎所有的 Java 技术集成都比较复杂，如 EJB。当时，Spring 作为一种替代技术被引入，尤其是针对 EJB 的技术。因为 Spring 相对于其他现有的 Java 技术而言，它提供了一个更简单、更精简、更轻量级的编程模型。Spring 使用许多可借鉴的设计模式来实现这一点，但它侧重于普通的 Java 对象 (POJO) 编程模型。这种模型为 Spring

框架提供了简单性,还使用代理模式和装饰器模式赋予了如依赖注入 (DI) 模式和面向切面的编程 (AOP) 能力。

Spring 框架是一个基于 Java 平台的开源应用框架,它为开发企业级 Java 应用程序提供了全面的基础设施支持。因此,开发者不需要关心应用程序的基础设施;他们更专注于应用程序的业务逻辑,而不是处理应用程序的配置。所有基础架构、配置和元配置文件,无论是基于 Java 的配置还是基于 XML 的配置,都会被 Spring 框架处理。因此,这个框架可以比非侵入式编程模型更灵活地构建一个使用 POJO 编程模型的应用。

控制反转(IoC)是 Spring 框架的核心。它将应用程序的不同构件黏合在一起,从而使其形成相关联的架构。Spring MVC 组件可以用来构建一个非常灵活的 Web 层,而 IoC 容器用 POJO 简化了业务层的开发。

Spring 简化了应用程序开发,并消除了对其他 APIs 的依赖。接下来用一些案例来说明作为应用程序开发者如何受益于 Spring 平台:

① 所有应用程序类都是简单的 POJO 类——Spring 没有侵入性。在大多数情况下,它不要求扩展框架类或实现框架接口。

② Spring 应用程序可以不需要 JavaEE 应用程序服务器,它们也可以部署在一个节点上。

③ 可以使用事务管理在数据库事务中执行方法,而不依赖于任何第三方事务 API。

④ 使用 Spring,可以将 Java 方法作为请求处理程序方法或远程方法,如 Servlet API 的服务方法,但不需要处理 Servlet 容器的 Servlet API。

⑤ 可以使用 Java 方法作为请求处理方法或远程方法,就像 ServletAPI 的 service() 方法一样,而不依赖于处理 Servlet 容器的 ServletAPI。Spring 可以使用本地的方法作为消息处理方法,而在应用程序中不使用 Java 消息服务 (JMS)API。

⑥ Spring 能够使用本地 Java 方法作为管理操作,不用在应用程序中使用 Java 管理扩展 (JMX)API。

⑦ Spring 作为应用程序对象的容器。因此,对象不用担心寻找并建立彼此的联系。

⑧ Spring 实例化 Bean 并将对象的依赖项注入应用程序,它是 Beans 的生命周期管理器。

1.2　使用 Spring 及其模式来简化应用程序开发

使用传统的 Java 平台开发企业级应用程序有很多限制。例如,将基本构件组织为单个组件,用于应用程序中的可重用性。对此不可忽视的是,抽离基本和通用功能是创建可重用组件功能的最佳实践。为了解决可重用性问题,应该使用各种设计模式,如工厂模式、抽象工厂模式、构建器模式、装饰者模式和服务定位器模式,将基本构件组合成一个连贯的整体,如类和对象实例,最终促进组件的可重用性。这些模式解决了常见的问题和递归应用问题。Spring 框架在内部简单地实现了这些模式,并为用户提供了一个正式使用的基础设施。

企业级应用程序开发很复杂，但 Spring 就是被用来解决这些问题的，使开发者可以简化流程。事实上，Spring 不局限于服务端开发，它还有助于简化项目构建、实现可测试性和提高松耦合设计等。Spring 使用 POJO 模式，即 Spring 组件可以是任何类型的 POJO。一个组件包含一段代码，它可以在多个应用程序中重复使用。

由于本书侧重于 Spring 框架，为了简化 Java 开发采用的设计模式，在此需要讨论或至少提供一些基本的设计模式、设计最佳实践来实现企业级应用开发的基础设施。Spring 用以下策略使 Java 开发变得更容易测试：

- Spring 使用 POJO 模式进行轻量级和低侵入性企业级应用的开发。
- 使用依赖注入模式 (DI 模式) 来实现松耦合，实现面向系统接口编程。
- 使用装饰者模式和代理模式实现通过切面和共同约定来声明式编程。
- 使用模板方法模式消除样板代码。

在这一章中，将解释这些实现思路，并用具体的案例来说明 Spring 框架如何简化了 Java 开发。现在，一起探索 Spring 是如何通过使用 POJO 模式来保持低侵入性的。

1.2.1　使用 POJO 模式

有许多其他 Java 开发框架通过强制要求扩展或实现其框架中现有的一个类或接口，Struts、Tapestry 和更早版本的 EJB 都是这种情况。这些框架的编程模型基于侵入性模型，这使得代码更难在系统中发现错误，并且有时它会让代码看起来无法理解。然而，在 Spring 框架上工作，不需要实现或扩展它现有的类和接口，这是简单的基于 POJO 的实现，遵循非侵入性编程模型。这使得代码更容易在系统中发现错误，并保持代码的可理解性。

Spring 允许用非常简单的非 Spring 类进行编程，这意味着没有必要实现 Spring 特定的类或接口，所以所有基于 Spring 的应用程序的类都是简单的 POJO。这也意味着可以编译和运行这些文件，而不依赖于 Spring 库，有时甚至不知道这些类已经被 Spring 框架使用。在基于 Java 的配置中，将会使用 Spring 注解。可以借助以下示例来看这一点：

```
package com.packt.chapter1.spring;
public class HelloWorld {
    public String hello() {
        return "Hello World";
    }
}
```

上面案例中的类是一个简单的 POJO 类,没有与框架相关的特征或实现使其成为 Spring 组件。因此,这个类就可以在 Spring 应用程序或非 Spring 应用程序中工作。这就是 Spring 的非侵入性编程模型给我们带来的好处。在 Spring 另一种方式中,使用 DI 模式与其他 POJO 协作。接下来讨论 DI 如何分离组件。

1.2.2　在 POJO 之间依赖注入

"依赖注入"这个术语不是新的,其被 PicoContainer 使用过。依赖注入是一种设计模式,它促进 Spring 组件之间的松耦合。也就是说,它在不同的 POJO 之间协作,所以通过将 DI 应用到复杂的编程中,使得其代码变得更简单、更容易理解、更容易测试。

在应用程序中,许多对象正在根据特定功能一起工作。而这种要求对象之间的协作实际上被称为依赖注入。事实上,在运行组件之间进行依赖注入有助于进行单元测试,因为应用程序中的每个组件都没有强耦合。

在一个运行的应用程序中,最终用户想要的是看到输出。要创建输出,应用程序中的几个对象一起工作,有时会耦合。因此,当你在编写这些复杂的应用程序类时,需要考虑这些类的可重用性并使这些类尽量保持独立。这是编码的最佳实践,将帮助我们独立地对这些类进行单元测试。

1. DI 是如何让编程变得容易开发和测试的

接下来讨论应用程序中 DI 模式的实现。它让应用程序变得容易理解、松耦合和可测试。假设有一个简单的应用程序(可能比你在大学课程中学习的 Hello World 示例更复杂一些)。每个类都工作在一起来执行一些业务任务,它帮助建立业务需求和期望。这意味着应用程序中的每个类与其他合作的类(存在依赖关系的)一起承担业务任务。从图 1.1 中可看到,对象之间的依赖可以创建复杂性和紧耦合。

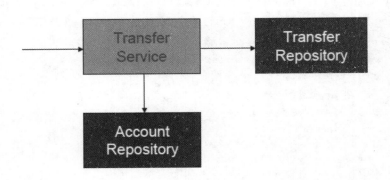

图 1.1　TransferService 组件依赖于另外两个组件 : TransferRepository 和 AccountRepository

一个典型的应用程序系统由几个部分组成，它们一起工作来实现用例。例如，考虑到 TransferService 类，如下所示。

TransferService 使用直接实例化：

```
package com.packt.chapter1.bankapp.transfer;
public class TransferService {
    private AccountRepository accountRepository;

    public TransferService() {
        this.accountRepository = new AccountRepository();
    }

    public void transferMoney(Account a, Account b) {
        accountRepository.transfer(a, b);
    }
}
```

　　TransferService 对象需要一个 AccountRepository 对象把钱从账户 a 转移到账户 b。因此，它创建了一个 AccountRepository 对象实例直接调用它。但是直接实例化增加了耦合，并将对象创建代码散落到应用程序的各个地方，使其难以维护，并且也很难为 TransferService 编写单元测试。因此，在这种情况下，每当你想测试 TransferService 类的 transferMoney() 方法时，对其单元测试断言，然而 AccountRepository 类的 transfer() 方法被调用是不太可能被测试到的。但是开发者没有意识到 TransferService 类对 AccountRepository 的依赖；至少，开发者无法使用单元测试来对 TransferService 类的 transferMoney() 方法进行测试。

　　在企业级应用中，耦合是非常危险的，它会导致应用程序在将来难以扩展，并使得今后任何进一步变化都会产生很多错误，然后修复这些错误可能又引入新的错误。紧耦合组件是应用程序中存在问题的主要原因之一。不必要的紧耦合代码使应用程序不可维护，随着时间的推移，它的代码将不会被重用，因为它很难被其他开发者理解。但是有的时候企业级应用程序也需要一定程度的耦合，因为在现实世界的场景中完全不耦合的组件是不可能的。应用程序中的每个组件都存有执行职责的角色和业务需求，并且应用程序中的所有组件都必须意识到其他组件的职责。这意味着耦合有时是必要的，但是我们必须非常细心地管理所需组件之间的耦合。

2. 对依赖组件使用工厂帮助模式

　　这里，尝试使用工厂模式解决对象依赖。这个设计模式基于 GoF 工厂模式，它通过使用工厂方法创建一个对象实例。因此，这个方法实际上集中了对其调用的新操作。它创建对象实例基于调用客户端代码提供的信息。这种模式被广泛应用于依赖注入策略。

TransferService 使用工厂辅助:

```
package com.packt.chapter1.bankapp.transfer;
public class TransferService {
    private AccountRepository accountRepository;
    public TransferService() {
        this.accountRepository =
                AccountRepositoryFactory.getInstance("jdbc");
    }
    public void transferMoney(Account a, Account b) {
        accountRepository.transfer(a, b);
    }
}
```

在上述代码中,使用工厂模式创建一个 AccountRepository 对象。在软件工程中,应用程序设计和开发的最佳实践之一是面向接口编程 (P2I)。根据这种做法,继承实体类必须实现一个接口,该接口在调用方的客户端代码中使用,而不是使用继承实体类。通过使用面向接口编程 (P2I),可以改进前面的代码。所以,它可以在对调用方影响非常小的情况下,很容易替换接口的不同实现。因此,面向接口编程提供了方法之间的松耦合。换句话说,没有直接依赖于具体的实现确保了低耦合。在这里,AccountRepository 是一个接口而不是实现类,代码如下:

```
public interface AccountRepository{
    void transfer();
    //other methods
}
```

因此,可以根据不同的需求实现它,这取决于调用端的基础设施层。假设我们希望在开发期间有一个 AccountRepository 类使用 JDBC API,并且可以提供 AccountRepository 接口的 JdbcAccountRepository 实现类,代码如下:

```
public class JdbcAccountRepository implements AccountRepository{
    // ...implementation of methods defined in AccountRepository
    // ...implementation of other methods
}
```

在这种模式下,对象是由工厂类创建的,其易于维护,并避免了将对象创建的代码分散到其他业务组件中。在工厂模式的辅助下,也可以使对象创建可配置。这个技术提供了紧耦合的解决方案,但仍需要为业务添加工厂类用于获取协作的组件。接下来讨论 DI 模式，如何解决这个问题。

1.2.3 对依赖组件使用 DI 模式

根据 DI 模式，依赖对象委托给某些工厂或第三方创建对象。这个工厂协助系统中的每个对象以这样的方式让每个依赖对象不创建它们自己的依赖关系。这意味着我们要专注于定义依赖关系，而不是解决企业级应用程序中协作对象的依赖关系。

图 1.2 是应用程序中不同协作组件之间的依赖注入。

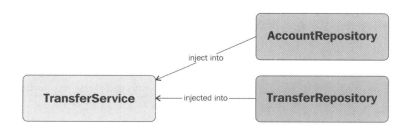

图 1.2 应用程序中不同协作组件之间的依赖注入

为了说明这一点，先了解一下 TransferService。TransferService 依赖 AccountRepository 和 TransferRepository。在这里，TransferService 使用 TransferRepository 提供实现方式进行转账操作，也就是说，可以使用 JdbcTransferRepository 或 JpaTransferRepository，具体使用哪一个取决于部署环境。

TransferServiceImpl 足够灵活，它可以调用 TransferRepository 提供的方法：

```
package com.packt.chapter1.bankapp;
public class TransferServiceImpl implements TransferService {
    private TransferRepository transferRepository;
    private AccountRepository  accountRepository;
    public TransferServiceImpl(TransferRepository transferRepository,
                     AccountRepository  accountRepository) {
        this.transferRepository =
                transferRepository; //TransferRepository is injected
        this.accountRepository  = accountRepository;
        //AccountRepository is injected
    }
    public void transferMoney(Long a, Long b, Amount amount) {
```

```
        Account accountA = accountRepository.findByAccountId(a);
        Account accountB = accountRepository.findByAccountId(b);
        transferRepository.transfer(accountA, accountB, amount);
    }
}
```

在这里，TransferServiceImpl 没有创建自己的 Repository 接口实现。相反，给出了 Repository 接口实现，它采用构造方法作为构造参数。这是一种被称为构造方法注入的 DI 类型。在这里，已经将 Repository 接口类型作为构造方法的参数传递。现在，TransferServiceImpl 可以使用所有 Repository 接口实现，如 JDBC、JPA 或 mock 对象。关键是 TransferServiceImpl 没有关联到任何特定的 Repository 接口的实现类。对于从一个账户到另一个账户的金额操作，采取哪种 Repository 接口实现传输并不重要，只要它实现了 Repository 接口就行。如果正在使用 Spring 框架的 DI 模式，松耦合是其中核心收益之一。DI 模式促进 P2I，每个对象都知道它们自己的依赖关系，这取决于接口而不是其实现，所以依赖可以很容易地使用该接口的另一个实现类进行替换，而无须更改为其依赖类实现。

Spring 为组装此类应用程序系统提供支持：

① 不用担心找到彼此。

② 每个部分都可以很容易地被替换。

通过创建应用系统之间的关联来组装应用系统的方法称为装配。在 Spring 中，有很多方式将协作组件连接在一起来构建应用系统。例如，可以使用 XML 配置文件或 Java 配置文件。

现在来讨论如何用 Spring 在 TransferService 中注入 TransferRepository 和 AccountRepository 依赖：

```xml
<?xml version="1.0" encoding="UTF-8"?>
<beans xmlns="http://www.springframework.org/schema/beans"
xmlns:xsi="http://www.w3.org/2001/XMLSchema-instance"
xsi:schemaLocation="http://www.springframework.org/schema/beans
http://www.springframework.org/schema/beans/spring-beans.xsd">
<bean id="transferService"
class="com.packt.chapter1.bankapp.service.TransferServiceImpl">
<constructor-arg ref="accountRepository"/>
<constructor-arg ref="transferRepository"/>
</bean>
<bean id="accountRepository" class="com.
packt.chapter1.bankapp.repository.JdbcAccountRepository"/>
```

```
<bean id="transferRepository" class="com.
packt.chapter1.bankapp.repository.JdbcTransferRepository"/>
</beans>
```

这里,TransferServiceImpl、JdbcAccountRepository 和 JdbcTransferRepository 在 Spring 中被声明为 Bean。在 TransferServiceImpl Bean 中,它将 AccountRepository 和 TransferRepositoryBean 作为构造方法参数来构建并传递。除此之外,Spring 还支持 Java 配置。

Spring 提供了基于 Java 的配置作为 XML 的替代:

```java
package com.packt.chapter1.bankapp.config;

import org.springframework.context.annotation.Bean;
import org.springframework.context.annotation.Configuration;
import com.packt.chapter1.bankapp.repository.AccountRepository;
import com.packt.chapter1.bankapp.repository.TransferRepository;
import com.packt.chapter1.bankapp.repository.jdbc.JdbcAccountRepository;
import com.packt.chapter1.bankapp.repository.jdbc.JdbcTransferRepository;
import com.packt.chapter1.bankapp.service.TransferService;
import com.packt.chapter1.bankapp.service.TransferServiceImpl;

@Configuration
public class AppConfig {
    @Bean
    public TransferService transferService() {
        return new TransferServiceImpl(accountRepository(),
                transferRepository());
    }

    @Bean
    public AccountRepository accountRepository() {
        return new JdbcAccountRepository();
    }

    @Bean
    public TransferRepository transferRepository() {
```

```
            return new JdbcTransferRepository();
    }
}
```

依赖注入模式的好处是相同的,无论使用的是基于 XML 还是基于 Java 的配置:

● 依赖注入促进松耦合,使其可以去掉硬编码,实现 P2I 的最佳实践,可以在应用程序之外使用工厂模式及其内置的热插拔和可插拔实现。

● DI 模式促进面向对象编程的组合模式,而不是继承编程。

虽然 TransferService 依赖于 AccountRepository 和 TransferRepository,但它并不关心在应用程序中使用 AccountRepository 或 TransferRepository 的实现类型 (JDBC 或 JPA)。只有 Spring 通过其配置 (基于 XML 或 Java),才能知道所有组件如何一起使用 DI 模式实例化需要的依赖关系。DI 模式使得在不更改依赖的类的情况下可以更改这些依赖成为可能。也就是说,可以在不改变 AccountService 的实现的情况下选择使用 JDBC 实现或 JPA 实现。

在 Spring 应用程序中,应用上下文的实现 (Spring 提供基于 Java 的 AnnotationConfigApplicationContext 和基于 XML 的 ClassPathXmlApplicationContext) 加载 Bean 定义并将它们一起装配到 Spring 容器中。因此,应用上下文在 Spring 启动时创建和装配其中的所有 Bean。这里看一下基于 Java 的配置实现 Spring 应用上下文,它加载位于应用程序 classpath 路径下的 Spring 配置文件 (Java 的 AppConfig.java 和 XML 的 spring.xml)。在下面的代码中,TransferMain 类的 main() 方法使用 AnnotationConfigApplicationContext 类加载配置类 AppConfig.java,并获取 AccountService 类的对象。

Spring 提供了基于 Java 的配置作为 XML 的替代:

```
package com.packt.chapter1.bankapp;
import org.springframework.context.ConfigurableApplicationContext;
import org.springframework.context.annotation.
        AnnotationConfigApplicationContext;
import com.packt.chapter1.bankapp.config.AppConfig;
import com.packt.chapter1.bankapp.model.Amount;
import com.packt.chapter1.bankapp.service.TransferService;
public class TransferMain {
    public static void main(String[] args) {
        //Load Spring context
        ConfigurableApplicationContext applicationContext =
                new AnnotationConfigApplicationContext(AppConfig.class);
        //Get TransferService bean
```

```
TransferService transferService =
        applicationContext.getBean(TransferService.class);
//Use transfer method
transferService.transferAmmount(1001, 2001,
        new Amount(2000.0));
applicationContext.close();
    }
}
```

上面快速介绍了依赖注入模式。从中也可以学到更多本书后面章节描述的 DI 模式。接下来讨论另一个用 Spring 声明式编程模型简化 Java 开发的方法：通过切面和代理模式。

1.2.4　应用层面横切关注点

在 Spring 应用程序中，DI 模式提供了组件之间的松耦合，而 Spring 面向切面编程 (Spring AOP) 能够减少在整个应用程序中重复的相似性代码。因此，可以说 Spring AOP 促进了松耦合，并允许横切关注点，并以最优雅的方式分离，允许它们通过声明式编程定义应用的服务。有了 Spring AOP，就有可能以声明式编程编写自定义切面。

应用程序中许多地方需要的通用功能如下：

● 记录和跟踪。
● 事务管理。
● 安全。
● 缓存。
● 错误处理。
● 性能监控。
● 自定义业务规则。

这里列出的功能并不是核心应用的一部分，但是这些功能有一些额外的责任，通常称为横切关注点，因为它们倾向于超出核心职责之外跨多个功能。如果把这些功能和系统的核心功能放在一起，则在没有模块化的情况下导致横切关注点，有两个主要问题：

（1）代码缠绕。关注点的耦合意味着横切关注点代码，如安全问题、事务问题和日志记录问题，它将其耦合到系统程序的业务对象。

（2）代码分散。代码分散是指同样的关注点被多个模块传播。这意味着关注的安全、事务和日志记录分布在系统的所有模块。换句话说，在系统程序中有相同关注点代码的重复性。

图 1.3 展示了这种复杂性。业务对象太紧密必然涉及横切关注点。不仅每个对象都知道它被日志记录、安全保护和参与事务的上下文，而且每个对象也负责执行其被分配的服务。

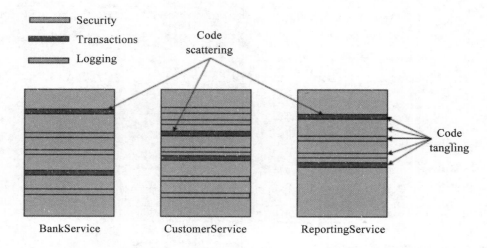

图 1.3 横切关注点问题，如日志记录、安全和事务，通常分散在模块中，这些任务不是它关注的主要问题

Spring AOP 使横切关注点模块化，以避免代码缠绕和代码分散。但在不影响上述组件的情况下，将这些模块化关注应用于核心业务组件中。这些切面确保 POJO 能够保持清晰。Spring AOP 使用代理模式让这种做法成为可能。

Spring AOP 如何工作

Spring AOP 的工作如下：

（1）实现主应用逻辑。关注核心问题意味着，当编写应用的业务逻辑时，不需要担心添加额外的功能，如日志记录、安全和事务，这些交由 Spring AOP 负责。

（2）编写切面来实现横切关注点。Spring 提供了许多开箱即用的切面，这意味着可以在 Spring AOP 中编写附加功能作为独立单元的切面。这些切面都有超出应用程序逻辑的横切关注点的额外职责的代码。

（3）将这些切面织入到应用程序中。将横切行为添加到正确的地方，也就是在写了额外职责的切面之后，可以以声明的形式将它们注入应用程序逻辑中正确的代码位置。Spring AOP 插图如图 1.4 所示。

在图 1.4 中，Spring AOP 从业务模块中分离了横切关注点，如安全、事务和日志记录，即 BankService、CustomerService 和 ReportingService。这些横切关注点适用于运行时业务模块的预定义点（图 1.4 中的条纹）。

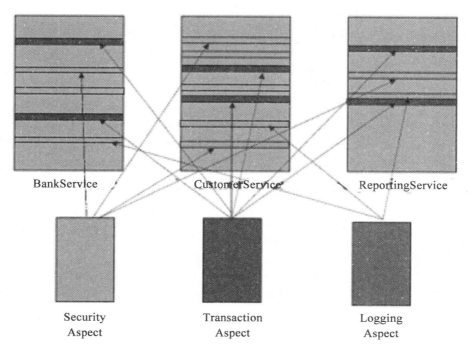

图 1.4 基于 AOP 的系统进化——这让应用程序组件专注于其特定的业务功能

假设在 TransferService 类的 transferAmmount() 方法调用之前以及之后使用 LoggingAspect 服务记录消息。下面的列表展示了可能使用的 LoggingAspect 类。LoggingAspect 调用用来记录 TransferService：

```
package com.packt.chapter1.bankapp.aspect;
import org.aspectj.lang.annotation.After;
import org.aspectj.lang.annotation.Aspect;
import org.aspectj.lang.annotation.Before;
@Aspect
public class LoggingAspect {
    @Before("execution(* *.transferAmount(..))")
    public void logBeforeTransfer(){
        System.out.println("####LoggingAspect.logBeforeTransfer()
            method called before transfer amount####");
    }
    @After("execution(* *.transferAmount(..))")
```

```
    public void logAfterTransfer(){
        System.out.println("####LoggingAspect.logAfterTransfer() method
                called after transfer amount####");
    }
}
```

将 LoggingAspect 转换为切面 Bean,只需将其定义在 Spring 配置文件中。此外,要使其成为一个切面,必须在这个类中添加"@Aspect"注解。这是更新后的 AppConfig.java 文件,修改声明 LoggingAspect 作为一个切面。声明 LoggingAspect 为切面并启用 Spring AOP 的切面代理功能:

```
package com.packt.chapter1.bankapp.config;
import org.springframework.context.annotation.Bean;
import org.springframework.context.annotation.Configuration;
import org.springframework.context.annotation.EnableAspectJAutoProxy;
import com.packt.chapter1.bankapp.aspect.LoggingAspect;
import com.packt.chapter1.bankapp.repository.AccountRepository;
import com.packt.chapter1.bankapp.repository.TransferRepository;
import com.packt.chapter1.bankapp.repository.jdbc.JdbcAccountRepository;
import com.packt.chapter1.bankapp.repository.jdbc.JdbcTransferRepository;
import com.packt.chapter1.bankapp.service.TransferService;
import com.packt.chapter1.bankapp.service.TransferServiceImpl;
@Configuration
@EnableAspectJAutoProxy
public class AppConfig {
    @Bean
    public TransferService transferService(){
        return new TransferServiceImpl(accountRepository(),
                transferRepository());
    }
    @Bean
    public AccountRepository accountRepository() {
        return new JdbcAccountRepository();
    }
    @Bean
    public TransferRepository transferRepository() {
```

```
        return new JdbcTransferRepository();
    }
    @Bean
    public LoggingAspect loggingAspect() {
        return new LoggingAspect();
    }
}
```

这里，使用基于 Java 配置的 Spring AOP 来声明 LoggingAspectBean 作为一个切面。首先将 LoggingAspect 声明为 Bean，然后将那个 Bean 添加"@Aspect"注解。

将 LoggingAspect 类的 logBeforeTransfer() 使用"@Before"注解，所以此方法是在执行 transferAmount() 之前调用的，也被称之为前置通知。然后，将 LoggingAspect 类的另一个方法使用 "@After"注解，即 logAfterTransfer() 方法应该在 transferAmount() 执行之后才被调用，也被称之为后置通知。

"@EnableAspectJAutoProxy"用于启用应用程序中的 Spring AOP 功能。实际上，这个注解将强制代理应用程序中 Spring 配置文件定义的一些组件。在第 6 章中将有更多关于 Spring AOP 的内容。现在，我们要求 Spring 调用的 LoggingAspect 类的 logBeforeTransfer() 和 logAferTransfer() 方法在 TransferService 类的 transferAmount() 方法之前和之后被调用。目前，从这个示例中可以提取两个重要的点：

① LoggingAspect 仍然是 POJO（如果忽略"@Aspect"注解或使用基于 XML 的配置），没有任何关于它的内容表明它将被用作一个切面。

② 重要的是要记住 LoggingAspect 可以应用于 TransferService，而无须显式调用它。事实上，TransferService 仍然完全不知道 LoggingAspect 的存在。

接下来讨论 Spring 简化 Java 开发的另一种方式。

1.2.5　使用模板模式消除样板代码

在企业级应用程序中，有许多类似的代码出现在应用程序的各个地方，这其实就是样板代码。对此，我们不得不在同一个应用程序中一次又一次地写出这些代码来满足共同场景中不同部分的实现。不幸的是，在 Java API 中有很多地方涉及一堆样板代码。样板的一个常见例子，是使用 JDBC 从数据库查询数据。如果你曾经使用过 JDBC，可能已经在代码中编写了以下的一些处理逻辑：

● 从连接池检索连接。

● 创建 PreparedStatement 对象。

● 绑定 SQL 参数。

● 执行 PreparedStatement 对象。

● 从 ResultSet 对象检索数据并填充数据容器对象。

● 释放所有数据库资源。

下面的代码包含了 Java 的 JDBC API 的样板代码：

```java
public Account getAccountById(long id) {
    Connection conn = null;
    PreparedStatement stmt = null;
    ResultSet rs = null;
    try {
        conn = dataSource.getConnection();
        stmt = conn.prepareStatement(
        "select id, name, amount from " +
        "account where id=?");
        stmt.setLong(1, id);
        rs = stmt.executeQuery();
        Account account = null;
        if (rs.next()) {
        account = new Account();
        account.setId(rs.getLong("id"));
        account.setName(rs.getString("name"));
        account.setAmount(rs.getString("amount"));
        }
        return account;
    } catch (SQLException e) {
    } finally {
        if(rs != null) {
        try {
        rs.close();
        } catch(SQLException e) {}
        }
        if(stmt != null) {
        try {
        stmt.close();
```

```
        } catch(SQLException e) {}
    }
    if(conn != null) {
    try {
        conn.close();
    } catch(SQLException e) {}
    }
    }
    return null;
}
```

在前面的代码中,可以看到 JDBC 代码查询数据库中的账户姓名和金额。对于这个简单的任务,必须先创建一个连接,然后创建一个语句,最后查询结果。同时也要捕获 SQLException,它是一个可受检异常,即使它被抛出,可做的事情也不多。最后,必须清理残局,关闭连接语句和结果集。这个也可以强制它处理 JDBC 的异常,当然也必须在这里捕获 SQLException。对此,样板代码严重损害了代码的可重用性。

Spring JDBC 通过使用模板方法模式解决样板代码的问题,即通过删除模板中的常用代码,这让它变得非常简单。因此,它使得数据访问代码非常干净,防止纠缠不休的问题,例如连接泄漏,因为 Spring 框架确保了所有数据库资源的正确释放。

Spring 的模板方法模式

以下是在 Spring 中使用的模板方法模式。

1. 义算法的轮廓或骨架

①将特定的细节延迟到实现类实现;

②隐藏大量样板代码。

2.Spring 提供了许多模板类

① JdbcTemplate;

② JmsTemplate;

③ RestTemplate;

④ WebServiceTemplate。

3. 隐藏低级资源管理

接下来讨论之前使用的代码在 Spring 的 JdbcTemplate 中如何移除样板代码。使用 JdbcTemplate 让代码专注于业务逻辑:

```
public Account getAccountById(long id) {
```

```
    return jdbcTemplate.queryForObject(
        "select id, name, amoount" +
        "from account where id=?",
        new RowMapper<Account>() {
            public Account mapRow(ResultSet rs,
                int rowNum) throws SQLException {
                account = new Account();
                account.setId(rs.getLong("id"));
                account.setName(rs.getString("name"));
                account.setAmount(rs.getString("amount"));
                return account;
            }
    },id);
}
```

正如在前面代码中看到的,这个新版本的 getAccountById() 相对更简单,它侧重于从数据库中查询账户信息,而不是创建数据库连接,创建语句,执行查询,处理 SQL 异常,然后最终关闭连接。使用这个模板,你必须提供 SQL 查询语句,并且使用 RowMapper 将结果集数据映射到模板中的 queryForObject() 方法域对象。模板负责为此做所有事情的操作,例如数据库连接等,同时它还在框架背后隐藏了很多样板代码。

本节已经学习了 Spring 如何面向 POJO 的开发和模式的力量降低 Java 开发的复杂性,如 DI 模式、切面、代理模式,以及模板方法模式等。

在下一节中,将讨论如何在应用程序中使用 Spring 容器来创建和管理 Bean。

1.3 使用 Spring 容器通过工厂模式管理 Bean

Spring 为我们提供了一个容器,使得应用程序的对象存活在这个 Spring 容器中。这个容器负责创建和管理这些对象,如图 1.5 所示。

Spring 容器还会根据其配置将许多对象装配在一起。它配置了一些初始化的参数,并管理它们的整个生命周期。

基本上,有两种不同类型的 Spring 容器:

① Bean 工厂(Bean Factory)。

② 应用上下文(Application Contexts)。

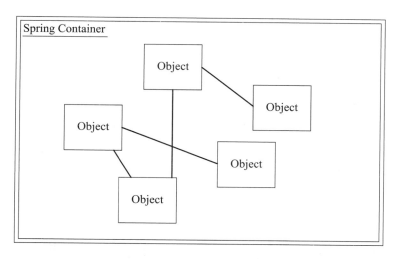

图 1.5　在 Spring 应用程序中，应用程序对象存活在这个 Spring 容器中

1.3.1　Bean 工厂

在 Spring 框架中，org.springframework.Beans.factory.BeanFactory 接口提供了 Bean 工厂，它是一个 Spring IoC 容器。其中，XmlBeanFactory 是这个接口的实现类，该容器从 XML 文件中读取配置的元数据。它是基于 GoF 工厂方法模式，以复杂的方式创建、管理、缓存和装配应用程序的对象。Bean 工厂只是一个对象池，而对象是通过配置来创建和管理的。对于小应用来说，这已经足够了。但是对于企业级应用而言，其往往需求更多，所以 Spring 提供了具有更多功能的 Spring 容器的另一个版本。

在下一节中，我们将了解应用上下文以及 Spring 如何创建它。

1.3.2　应用上下文

在 Spring 框架中，org.springframework.context.ApplicationContext 接口也提供了 Spring IoC 容器，它只是 Bean 工厂的简单包装，并提供一些额外的应用上下文服务，例如对 AOP 的支持。因此，声明性事务、安全和工具支持，如支持消息的国际化，以及将应用程序事件发布到其感兴趣的监听者。

1.3.3　使用应用上下文创建容器

Spring 作为 Bean 容器提供了多种应用上下文。这里列出了 Application Context 接口的多个核心实现，如下所示：

- FileSystemXmlApplicationContext：这个类实现了 ApplicationContext 接口，它从文件系统中的配置文件 (XML) 加载应用上下文中定义的所有 Bean。
- ClassPathXmlApplicationContext：这个类实现了 ApplicationContext 接口，它从应用程序类路径中的配置文件 (XML) 加载应用上下文中定义的所有 Bean。
- AnnotationConfigApplicationContext：这个类实现了 ApplicationContext 接口，它从应用程序类路径中的配置类 (基于 Java) 加载应用上下文中定义的所有 Bean。

Spring 还提供了基于 ApplicationContext 接口的 Web 资源的实现类，如下所示：

- XmlWebApplicationContext：这个类是 ApplicationContext 接口的 Web 资源的实现类，它从 Web 应用程序中包含的配置文件 (XML) 加载应用上下文中定义的所有 Bean。
- AnnotationConfigWebApplicationContext：这个类是 Application Context 接口的 Web 资源的实现类，它从基于 Java 的配置类加载应用上下文中定义的所有 Bean。

将这些实现中的任何一个 Bean 加载到 Bean 工厂中，它取决于应用程序中配置文件的位置。例如，要加载来自文件系统中特定位置的配置文件 spring.xml，Spring 提供 FileSystemXmlApplication-Context 类用于查找配置文件 spring.xml 在文件系统中的特定位置：

```
ApplicationContext context = new
        FileSystemXmlApplicationContext("d:/spring.xml");
```

同样，也可以使用 Spring 提供的 ClassPathXmlApplicationContext 类从应用程序的类路径中加载配置文件 spring.xml，它会在类路径下查找配置文件 spring.xml(包括 JAR 文件)：

```
ApplicationContext context = new
        ClassPathXmlApplicationContext("spring.xml");
```

如果使用的是 Java 配置而不是 XML 配置，可以使用：

```
AnnotationConfigApplicationContext：
        ApplicationContext context = new
        AnnotationConfigApplicationContext(AppConfig.class);
```

加载配置文件并获取应用上下文后，可以通过调用应用上下文的 getBean() 方法从 Spring 容器中获取 Bean：

```
TransferService transferService =
        context.getBean(TransferService.class);
```

下面将讨论 Spring Bean 的生命周期，以及 Spring 容器如何对 Spring Bean 进行创建和管理。

1.4　容器里 Bean 的生命周期

Spring 应用上下文使用工厂方法模式在容器中按照配置给定的正确顺序创建 Spring Bean。所以，Spring 容器负责管理 Bean 的生命周期，包括从其创建到销毁的全过程。在普通的 Java 应用程序中，Java 的 new 关键字实例化 Bean 的方式早已被广泛使用，它们一旦不再被使用，就会被垃圾回收。但是，在 Spring 容器中，这些 Bean 的生命周期会更加精细。图 1.6 展示了一个典型的 Spring Bean 的生命周期。

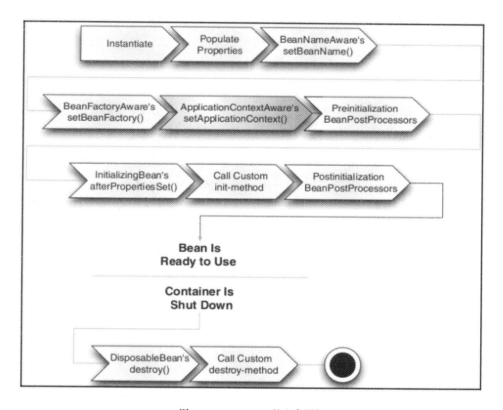

图 1.6　Spring Bean 的生命周期

Spring 容器中 Bean 的生命周期如下：

（1）加载所有 Bean 的定义，创建有序图。

（2）实例化运行 BeanFactoryPostProcessors(可以在这里更新 Bean 的定义)。

（3）实例化每个 Bean。

（4）Spring 将值和引用注入 Bean 属性中。

（5）如果 Bean 实现 BeanNameAware 接口,就将 Bean 的 ID 传递给 setBeanName() 方法。

（6）如果 Bean 实现 BeanFactoryAware 接口,就将 Bean 工厂本身的引用传递给 setBeanFactory() 方法。

（7）如果 Bean 实现 ApplicationContextAware 接口,就将应用上下文本身的引用传递给 setApplicationContext() 方法。

（8）BeanPostProcessor 是一个接口,Spring 允许用自定义的 Bean 实现它,而 Spring 容器会调用 postProcessBeforeInitialization() 方法在初始化之前修改 Bean 的实例。

（9）如果 Bean 实现了 InitializingBean 接口,Spring 会调用 afterPropertiesSet() 方法来初始化处理或加载申请的应用资源,而这取决于指定的初始化方法。这里有其他方法来实现这一步。例如,可以使用 init 方法的 <Bean> 标签、"@Bean" 注解的 initMethod 属性和"JSR250's@PostConstruct"注解。

（10）BeanPostProcessor 是一个接口,Spring 允许用自定义的 Bean 实现它,而 Spring 容器会调用 postProcessAfterInitialization() 方法在初始化之后修改 Bean 的实例。

（11）此时 Bean 已经准备好了,应用程序可以通过应用上下文的 getBean() 方法访问 Bean,并且 Bean 在应用上下文中保持活动状态,直到通过调用 close() 方法关闭它。

（12）如果 Bean 实现了 DisposibleBean 接口,Spring 会调用 destroy() 方法来销毁处理或清理申请的应用资源。这里有其他方法来实现这一步。例如,可以使用 destroy 方法的 <Bean> 标签、"@Bean" 注解的 destroyMethod 属性和"JSR250's@PreDestroy"注解。

这些步骤显示了容器中 Bean 的生命周期。

下一节将介绍 Spring 框架提供的模块。

1.5　Spring 模块

　　Spring 框架的一组特定功能有几个不同的模块,它们或多或少都各自独立工作。这个系统非常灵活,所以开发者可以在企业级应用中按需选择。例如,开发者可以只使用 Spring DI 模块,并用非 Spring 组件来构建应用程序的其余部分。因此,Spring 提供了集成点与其他框架一起工作,例如,在 Struts 应用程序中使用 Spring Core DI 模式。如果开发团队更精通使用 Struts,那么可以使用它来代替 Spring MVC,而应用程序的其余部分使用 Spring 组件和功能,如 JDBC 和事务。因此,虽然开发者需要部署 Struts 应用程序所需的依赖关系,但无须为此添加整个 Spring 框架。

　　图 1.7 是整个模块结构的概述。

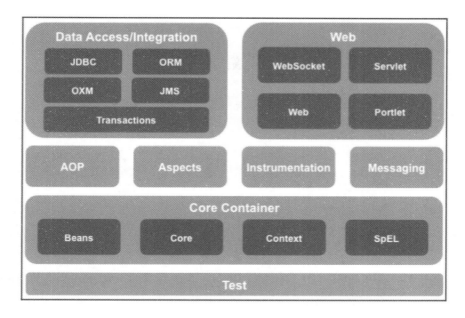

图 1.7　Spring 框架的各个模块

下面根据 Spring 的每个模块，讨论它们是如何适应图 1.7 的。

1.5.1　Spring 核心容器

Spring 框架的这个模块使用了很多设计模式，如工厂方法模式、DI 模式、抽象工厂模式、单例模式和原型模式等。所有其他 Spring 模块都依赖于这个模块。我们配置应用程序时将隐含地使用这些类。它也被称之为 IoC 容器，也是 Spring 支持依赖注入的核心，管理着 Spring 应用程序中的 Bean 的创建、配置和管理。这里，可以通过 BeanFactory 或 ApplicationContext 的实现来创建 Spring 容器。此模块包含 Spring Bean 工厂，它是 Spring 提供 DI 的部分。

1.5.2　Spring AOP 模块

Spring AOP 是一个与 AspectJ 集成的基于 Java 的 AOP 框架。它使用动态代理的切面织入，其侧重点是使用 AOP 解决企业级开发问题。这个模块基于代理模式和装饰器模式，它启用横切关注点模块化，避免代码缠绕和消除代码分散。例如 DI 模式，它确保核心业务服务和横切关注点之间的松耦合。你可以在不影响业务对象代码的情况下实现自定义切面。它在代码中提供了很大的灵活性；可以删除或更改切面逻辑，而无须触及业务对象。这是 Spring 框架中一个非常重要的模块，所以在第 6

章中将讨论更多关于 Spring AOP 的内容。

1.5.3　Spring DAO——数据访问与集成

Spring DAO 和 Spring JDBC 通过使用模板删除重复代码。这些模板实现了 GoF 模板方法模式，并提供合适的扩展点来插入自定义代码。如果你正在使用传统的 JDBC 应用，那么必须写很多样板代码，例如创建数据库连接、创建语句、获取结果集、处理 SQLException，最后还需要关闭连接。如果正在使用带有 DAO 的 Spring JDBC 框架，则不像传统的 JDBC 应用编写样板代码。这意味着 Spring 可以确保应用程序代码的干净和简单。

1.5.4　Spring ORM

Spring 为 ORM 解决方案提供了支持，并提供与 ORM 工具的集成，它可以在关系数据库中保持 POJO 对象。这个模块实际上提供了 Spring DAO 模块的扩展。和基于 JDBC 的模板一样，Spring 提供了与业内知名 ORM 产品一起协作的 ORM 模板，如 Hibernate、JPA、OpenJPA、TopLink 和 iBATIS 等。

1.5.5　Spring Web MVC

Spring 为企业级 Web 应用程序提供了 Web 和远程访问的模块。这个模块利用 Spring IoC 容器的全部优势来帮助构建高度灵活的 Web 应用程序。在这个模块中，Spring 使用了 MVC 架构模式、前端控制器模式和调度器模式，而且它可以无缝地与 Servlet API 集成。Spring Web 模块可插拔且非常灵活，可以添加任何视图技术，如 JSP、FreeMarker 和 Velocity 等。还可以将其与其他框架集成，如 Struts、Webwork 和 JSF，并保持使用 Spring IoC 和 DI。

1.6　Spring Framework 5 中的新功能

Spring 5 是最新发布的 Spring 可用版本。这里有很多激动人心的新功能，包括以下内容。

（1）支持 JDK8+9 和 JavaEE 7 基线

Spring 5 支持 Java 8 作为最低要求，其整个框架的代码库都是基于 Java 8。

Spring 框架至少需要 JavaEE 7 来运行 Spring 5 应用。这意味着它需要 Servlet 3.1、JMS 2.0、JPA 2.1。

（2）过时和删除的包、类和方法

在 Spring 5 中，已经移除了一些被废弃的包。其中，mock.static 从 spring-aspects 模块中被移除，因此不支持 AnnotationDrivenStaticEntityMockingControl。例如，web.view.tiles2 和 orm.hibernate3/hibernate4 也已经从 Spring 5 中被移除了。现在，在最新的 Spring 5 框架中，Tiles 3 和 Hibernate 5 正在使用。

Spring 5 框架不再支持 Portlet、Velocity、JasperReports、XMLBeans、JDO 和 Guava 等。

一些早期版本的 Spring 过时的类和方法已经从 Spring 5 开始被移除。

（3）新增反应式编程模型

这个编程模型已经在 Spring 5 框架中提及。关于反应式编程模型的相关要点如下：

① Spring 5 介绍了 Spring-core 模块的 DataBuffer 和具有抽象的非阻塞语义的编码器或解码器编程模型。

② Spring 5 提供了 Spring-Web 模块使用反应式模型，其中使用 JSON(Jackson) 和 XML(JAXB) 实现 HTTP 消息编解码器的支持。

③ Spring 反应式编程模型增加了一个新的 spring-web-reactive 模块，支持"@Controller"编程模型用于适配 Servlet 3.1 容器的反应式流，以及非 Servlet 运行时容器，如 Netty 和 Undertow。

④ Spring 5 还推出了一个新的反应式的 WebClient，它可以支持在客户端侧访问服务。

正如上面所介绍的，可以看到许多令人兴奋的新特性和 Spring Framework 5。所以在本书中，我们将看看这些新特性的例子和它们采用的设计模式。

1.7 小 结

通过本章的学习，应该了解了 Spring 框架和它最常用的设计模式，以及 J2EE 传统应用程序遇到的问题和 Spring 如何解决这些问题并使用大量的设计模式和良好的实践来创建应用简化 Java 开发。Spring 的目标是让企业中 Java 开发更容易，促进松耦合的代码。我们还讨论了用于横切关注点的 Spring AOP 与用于松耦合和可插拔的 DI 模式，这样对象不需要知道它们的依赖来自哪里或它们如何实现。Spring 框架是一个最佳实践和有效对象设计的推动者。Spring 框架有两个重要功能：一是有一个 Spring 容器来创建和管理 Bean 的生命周期，二是提供对几个模块的支持和集成来帮助简化 Java 开发。

第 2 章　GoF 设计模式概述：核心设计模式

在本章中，将对 GoF（Gang of Four，四人帮）设计模式有一个全局概览，包括一些应用设计的最佳实践。此外，还会遇到一些常见问题：用设计模式解决它们。

介绍 Spring 框架是为了更好的设计和构建一些常用的设计模式。由于我们身处在一个全球性的世界里，这意味着如果我们的服务发布到市场上，它们可以在全球范围内被访问。简单地说，现在是分布式计算系统的时代。那么，什么是分布式系统？分布式系统是一个分为多个较小的部分的应用程序，这些部分同时在不同的计算机上运行，并使用协议进行网络通信。这些较小的部分被称为层。因此，如果创建一个分布式应用程序，n 层架构是这种类型的应用程序的更好选择。但是，要开发一个 n 层分布式应用程序是一项复杂而富有挑战性的工作。对此，我们将需要处理的任务分配到单独的层会实现更好的资源利用。它还支持将任务分配给最适合的处理者，对此可以开发特定的层进行处理。开发分布式应用程序存在许多挑战，其中一部分内容如下：

- 层之间的集成。
- 事务管理。
- 企业数据的并发处理。
- 应用程序的安全性等。

所以本书的侧重点是介绍 Spring 框架中的设计模式和最佳实践来简化 JavaEE 应用程序的设计和开发、一些常见的 GoF 设计模式以及 Spring 如何采用这些设计模式实现最佳实践来解决上述企业应用问题。这些对于有经验的专业人士而言，设计分布式对象也是一项非常复杂的任务。对此，需要考虑关键问题，如可扩展性、性能和事务等。该解决方案被描述为模式。

在本章的末尾，将了解设计模式如何提供最佳解决方案面对设计和开发相关的问题，以及如何开始用最佳实践进行开发。在这里，会通过现实生活中的例子更好地理解 GoF 设计模式，并学习 Spring 框架内部实现这些设计模式以提供最佳的企业级解决方案。

本章将涵盖以下几点：

- 介绍设计模式的力量。
- 常见的 GoF 设计模式概述。

- 核心的设计模式。
- 创建模式。
- 结构模式。
- 行为模式。
- J2EE 的设计模式。
- 表示层的设计模式。
- 业务层的设计模式。
- 集成层的设计模式。
- Spring 应用程序开发的一些最佳实践。

2.1 设计模式的力量简介

那么什么是设计模式？实际上，设计模式与任何编程语言都没有直接联系，也不提供特定语言的解决方案。事实上，设计模式用于解决一类重复问题。例如，经常出现某类问题，并且这类问题已经有行之有效的解决方案。而对于不可重用的解决方案不能被认为是一种模式，所以会经常出现某类问题，并且为了解决它抽象了一个可重用的解决方案才能被视为模式。因此，设计模式是一个软件工程概念，用于描述反复出现的常见问题的解决方案。设计模式也代表了面向对象软件开发者的最佳经验实践。

当设计一个应用程序时，应该考虑常见问题的所有解决方案，而这些解决方案被称为设计模式。整个开发团队必须对设计模式有很好的理解，以便于组内成员可以在团队内部有效地彼此交流。事实上，你可能熟悉一些设计模式，然而可能没有使用众所周知的名称来描述它们。但是会通过循序渐进的方法，并通过 Java 示例代码学习设计模式。

以下是一个设计模式的三个主要特点：

（1）设计模式是特定于特定场景而不是特定平台的。因此，设计模式的上下文是问题存在的周边条件。其上下文必须记录在模式中。

（2）设计模式已经发展成为软件开发过程中面临的某些问题提供最佳解决方案。因此，使用时需要考虑其特定的上下文限制条件。

（3）设计模式是解决所考虑问题的方法论。

例如，如果开发者谈及 GoF 单例模式，并表示使用单个对象，那么所有涉及的开发者都应该明白需要设计一个在应用程序中只有一个实例的对象。所以，单例模式将由单个对象组成，而开发者可以达成共识：程序遵循单例模式。

2.2　常见的 GoF 设计模式概述

作者 Erich Gamma、Richard Helm、Ralph Johnson 和 John Vlissides 称为 GoF(四人帮)。他们出版了一本名为 *Elements of Reusable Object-Oriented Software* 的书，这本书在软件开发层面开启了设计模式的概念。

GoF 模式是 23 种经典的软件设计模式，它提供软件设计中反复出现的常见问题的解决方案。这些模式已在 *Elements of Reusable Object-Oriented Software* 一书中被定义。这些模式分为两大类：

① 核心的设计模式；

② J2EE 的设计模式。

此外，核心的设计模式也细分为以下三类设计模式。

（1）**创建模式**：该类模式在构造方法不能满足需求时，提供了一种构造对象的方法。而其创建对象的逻辑是对外隐藏的。基于这些模式的程序会根据需求和场景来使得对象创建变得更加灵活。

（2）**结构模式**：该类模式处理类或对象的组合。在企业级应用中，有两个面向对象系统的常用技术：一个是类继承，另一个是对象组合。继承的对象组合用于组装接口，并定义组合对象以获得新功能的方法。

（3）**行为模式**：该类模式描述了类或对象交互以及职责的分配。这些设计模式特别关注对象之间的通信行为。行为模式用于控制和减少企业级应用中复杂的应用流。

J2EE 设计模式是另一个主要类别的设计模式，可以通过使用 JavaEE 设计模式极大地简化应用程序设计。JavaEE 设计模式已经记录在 Sun 的 Java 蓝图中。这些 JavaEE 设计模式在不同层中对象协作的实践里面提供了经久不衰的解决方案和最佳方案。这些设计模式特别涉及以下列出的层：

● 表示层的设计模式。

● 业务层的设计模式。

● 集成层的设计模式。

2.3　创建模式

来看看该类的底层设计模式以及 Spring 框架是如何采用它们来实现组件之间的松耦合，并创建和管理 Spring 组件的生命周期。创建模式与对象创建的方法相关联，而对象的创建逻辑对该对象的调用方隐藏。

使用 Java 中的 new 关键字创建对象，代码如下：

```
Account account = new Account();
```

但是这种方式不适合某些情况,因为它是一种硬编码的方式来创建对象的。同时,它对于创建对象而言也不是最佳实践,因为对象可能会根据程序的特性被更改。在这里,创建模式提供了根据程序的特性来确保创建对象的灵活性。

接下来讨论该类下的不同设计模式。

2.3.1　工厂模式

定义用于创建对象的接口,但是让子类决定要创建哪个类的实例化。工厂方法允许类将实例化推迟到子类。

工厂模式是一种创建模式,而它也被称为工厂方法模式。按照这个设计模式实现,会得到一个不向调用方公开底层逻辑的类的对象,它会使用公共接口或抽象类分配一个新对象给调用方。这意味着设计模式隐藏了对象实际的实现逻辑:如何创建它,以及哪些类来实例化它。所以,调用方无须担心创建、管理和销毁一个对象——工厂模式将负责这些任务。对此,工厂模式是 Java 中使用最多的设计模式之一。

工厂模式的好处如下:

- 工厂模式促进协作的组件或类之间的松耦合,它通过使用接口而不是将特定的类绑定到应用程序代码中。
- 可以在运行时得到一个实现接口的类对象。
- 对象生命周期由该模式实现的工厂管理。

使用工厂模式时遇到的一些常见问题如下:

- 消除了开发者创建和管理对象的负担。
- 消除了协作的组件之间的紧耦合,因为组件不知道需要创建什么子类。
- 避免创建类的对象时的硬编码。

1. 在 Spring 框架中实现工厂模式

Spring 框架使用工厂模式来实现 Spring 容器的 BeanFactory 和 ApplicationContext 接口。Spring 容器基于工厂模式为 Spring 应用程序创建 Bean,并管理着每一个 Bean 的生命周期。BeanFactory 和 ApplicationContext 是工厂接口,并且在 Spring 中存在很多实现类。getBean() 方法是相对应的 Bean 的工厂方法。

接下来讨论工厂模式的示例实现。

2. 工厂模式的示例实现

有两个类 SavingAccount 和 CurrentAccount 实现一个 Account 接口。因此,可以创建带有一个或多个参数的方法的工厂类,其返回类型是 Account。这个方法被称为工厂方法,因为它创建了 CurrentAccount 或 SavingAccount 的实例。这里的 Account 接口用于保证松耦合。因此,根据工厂方法传递的参数,它选择要实例化哪个子类。这个工厂方法会将其超类作为返回类型,如图 2.1 所示。

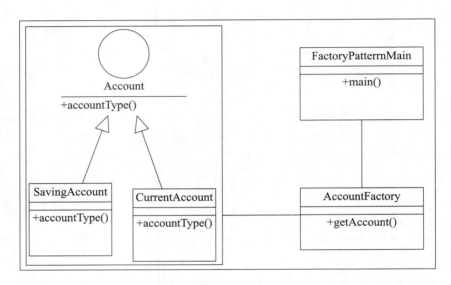

图 2.1　工厂模式的 UML 图

在这里将创建一个 Account 接口以及实现 Account 接口的一些具体的子类:

```java
package com.packt.patterninspring.chapter2.factory;
public interface Account {
    void accountType();
}
```

现在创建 SavingAccount.java,它将实现 Account 接口:

```java
package com.packt.patterninspring.chapter2.factory;
public class SavingAccount implements Account{
    @Override
    public void accountType() {
        System.out.println("SAVING ACCOUNT");
    }
}
```

类似地,CurrentAccount.java 也将实现 Account 接口:

```
package com.packt.patterninspring.chapter2.factory;
public class CurrentAccount implements Account {
    @Override
    public void accountType() {
        System.out.println("CURRENT ACCOUNT");
    }
}
```

现在，将定义一个工厂类 AccountFactory。AccountFactory 生成具体类的对象 SavingAccount 或 CurrentAccount，它们基于工厂方法的参数返回的 Account 类型：

AccountFactory.java 是创建 Account 类型对象的工厂：

```
package com.packt.patterninspring.chapter2.factory.pattern;
import com.packt.patterninspring.chapter2.factory.Account;
import com.packt.patterninspring.chapter2.factory.CurrentAccount;
import com.packt.patterninspring.chapter2.factory.SavingAccount;
public class AccountFactory {
    final String CURRENT_ACCOUNT = "CURRENT";
    final String SAVING_ACCOUNT  = "SAVING";
    //use getAccount method to get object of type Account
    //It is factory method for object of type Account
    public Account getAccount(String accountType){
        if(CURRENT_ACCOUNT.equals(accountType)) {
            return new CurrentAccount();
        }
        else if(SAVING_ACCOUNT.equals(accountType)){
            return new SavingAccount();
        }
        return null;
    }
}
```

FactoryPatternMain 是 AccountFactory 获取 Account 对象的主要调用类。它将向工厂方法传递一个参数，该方法包含账户类型，如 SAVING 和 CURRENT。AccountFactory 将返回工厂方法转换后的类型的对象。

创建一个演示类 FactoryPatterMain.java 来测试工厂方法模式：

```
package com.packt.patterninspring.chapter2.factory.pattern;
import com.packt.patterninspring.chapter2.factory.Account;
public class FactoryPatterMain {
    public static void main(String[] args) {
        AccountFactory accountFactory = new AccountFactory();
        //get an object of SavingAccount and call its accountType()
        method.
        Account savingAccount = accountFactory.getAccount("SAVING");
        //call accountType method of SavingAccount
        savingAccount.accountType();
        //get an object of CurrentAccount and call its accountType()
        method.
        Account currentAccount = accountFactory.getAccount("CURRENT");
        //call accountType method of CurrentAccount
        currentAccount.accountType();
    }
}
```

可以测试此文件,并在控制台上看到输出,如图2.2所示。

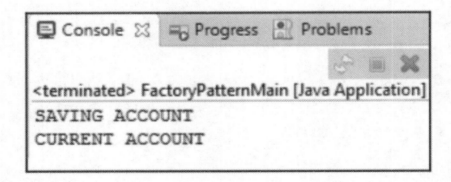

图 2.2　测试文件

现在已经理解了工厂模式,接下来介绍它的不同变体——抽象工厂模式。

2.3.2　抽象工厂模式

提供一个创建一系列相关或相互依赖对象的接口,而无须指定它们具体的类。

抽象工厂模式是一种创建模式，与工厂方法模式相比，它是一个高阶的设计模式。根据这个设计模式，只需定义一个接口或抽象类来创建相关的依赖对象，而无须指定它们具体的子类。所以在这里，抽象工厂返回结果是一个工厂类。那么简化一下，假设有一组工厂方法模式，并且只是用工厂模式把这些工厂类放在一个工厂中，这意味着它只是一个或一系列相关或相互依赖工厂。对此，没有必要把所有工厂类放进工厂。可以使用顶级工厂设计应用程序。

在抽象工厂模式中，接口负责创建没有明确指定类的相关工厂对象。每个生成的工厂都可以作为工厂模式的对象。

抽象工厂模式的好处如下：

- 抽象工厂模式提供了组件之间的松耦合。它还将调用方代码与具体类分隔开。
- 这种模式是比工厂模式更高阶的设计。
- 这种模式为整个对象的构建提供了更好的一致性。
- 这种模式很容易更换组件。

1. 抽象工厂模式解决的常见问题

在应用程序中为对象创建而设计工厂模式时，有时希望使用某些约束创建一组特定的相关对象，并在相关对象之间使用所需的逻辑。为了做到这一点，通过在工厂内部为一组相关对象创建另一个工厂来应用所需的约束。对此，还可以为这组相关对象编写逻辑。

当定制相关对象的实例化逻辑时，可以使用这个设计模式。

2. 在 Spring 框架中实现抽象工厂模式

在 Spring 框架中，FactoryBean 接口是基于抽象工厂模式设计的。Spring 提供了很多这个接口的实现，如 ProxyFactoryBean、JndiFactoryBean、LocalSessionFactoryBean 和 LocalContainerEntityManagerFactoryBean 等。FactoryBean 帮助 Spring 构建它自己无法轻松构建的对象。通常这是用来构造具有许多依赖关系的复杂对象。它也可以根据配置构造高易变的逻辑。

例如，在 Spring 框架中，LocalSessionFactoryBean 是 FactoryBean 的一个实现，它用于获取 Hibernate 配置的关联的 Bean 的引用。这是一个数据源的特定配置，它在得到 SessionFactory 的对象之前被使用。对此，在一致的情况下可以用 LocalSessionFactoryBean 获取特定的数据源配置。你可以将 FactoryBean 的 getObject() 方法的返回结果注入到任何其他属性中。

此处创建一个抽象工厂模式的示例实现。

3. 抽象工厂模式的示例实现

创建一个 Bank 和 Account 接口，以及这些接口的具体实现子类。在这里，还创建了一个 AbstractFactory 抽象工厂类。此时，有一些工厂类 BankFactory 和 AccountFactory，这些类继承自 AbstractFactory 类,还将创建一个 FactoryProducer 类来创建工厂。图 2.3 是抽象工厂模式的
UML 图。

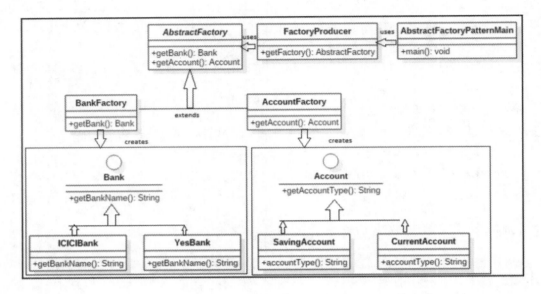

图 2.3 抽象工厂模式的 UML 图

创建一个命名为 AbstractFactoryPatternMain 的演示类,它使用 FactoryProducer 来获取 Abstract-
Factory 对象。这里是在应用程序中传递参数信息,如 ICICI、YES 给 AbstractFactory 一个 Bank 对
象,也可以在应用程序中传递参数信息,如 SAVING、CURRENT 给 AbstractFactory 一个 Account
对象。

这是 Bank.java 的代码,是一个接口:

```
package com.packt.patterninspring.chapter2.model;
public interface Bank {
    void bankName();
}
```

创建 ICICIBank.java,它实现了 Bank 接口:

```
package com.packt.patterninspring.chapter2.model;
public class ICICIBank implements Bank {
    @Override
    public void bankName() {
        System.out.println("ICICI Bank Ltd.");
```

```
    }
}
```

创建另一个 YesBank.java，也实现了 Bank 接口：

```java
package com.packt.patterninspring.chapter2.model;
public class YesBank implements Bank{
    @Override
    public void bankName() {
        System.out.println("Yes Bank Pvt. Ltd.");
    }
}
```

在这个例子中，使用与在本书的工厂模式示例中使用的 Account 类相同的接口。

AbstractFactory.java 是一个抽象类，它用于为 Bank 和 Account 获取工厂对象：

```java
package com.packt.patterninspring.chapter2.abstractfactory.pattern;
import com.packt.patterninspring.chapter2.model.Account;
import com.packt.patterninspring.chapter2.model.Bank;
public abstract class AbstractFactory {
    abstract Bank getBank(String bankName);
    abstract Account getAccount(String accountType);
}
```

BankFactory.java 是一个继承自 AbstractFactory 的工厂类，它用于生成基于给定入参信息的具体类：

```java
package com.packt.patterninspring.chapter2.abstractfactory.pattern;
import com.packt.patterninspring.chapter2.model.Account;
import com.packt.patterninspring.chapter2.model.Bank;
import com.packt.patterninspring.chapter2.model.ICICIBank;
import com.packt.patterninspring.chapter2.model.YesBank;
public class BankFactory extends AbstractFactory {
    final String ICICI_BANK = "ICICI";
    final String YES_BANK   = "YES";
    //use getBank method to get object of name bank
    //It is factory method for object of name bank
    @Override
```

```
    Bank getBank(String bankName) {
        if(ICICI_BANK.equalsIgnoreCase(bankName)){
            return new ICICIBank();
        }
        else if(YES_BANK.equalsIgnoreCase(bankName)){
            return new YesBank();
        }
        return null;
    }
    @Override
    Account getAccount(String accountType) {
        return null;
    }
}
```

AccountFactory.java 是一个继承自 AbstractFactory 的工厂类,用于生成基于给定入参信息的具体类:

```
package com.packt.patterninspring.chapter2.abstractfactory.pattern;
import com.packt.patterninspring.chapter2.model.Account;
import com.packt.patterninspring.chapter2.model.Bank;
import com.packt.patterninspring.chapter2.model.CurrentAccount;
import com.packt.patterninspring.chapter2.model.SavingAccount;
public class AccountFactory extends AbstractFactory {
    final String CURRENT_ACCOUNT = "CURRENT";
    final String SAVING_ACCOUNT  = "SAVING";
    @Override
    Bank getBank(String bankName) {
        return null;
    }
    //use getAccount method to get object of type Account
    //It is factory method for object of type Account
    @Override
    public Account getAccount(String accountType){
        if(CURRENT_ACCOUNT.equals(accountType)) {
```

```
            return new CurrentAccount();
        }
        else if(SAVING_ACCOUNT.equals(accountType)){
            return new SavingAccount();
        }
        return null;
    }
}
```

FactoryProducer.java 创建一个根据传递入参信息来获取工厂的工厂生成器，如 Bank 或 Account：

```
package com.packt.patterninspring.chapter2.abstractfactory.pattern;
public class FactoryProducer {
    final static String BANK    = "BANK";
    final static String ACCOUNT = "ACCOUNT";
    public static AbstractFactory getFactory(String factory){
        if(BANK.equalsIgnoreCase(factory)){
            return new BankFactory();
        }
        else if(ACCOUNT.equalsIgnoreCase(factory)){
            return new AccountFactory();
        }
        return null;
    }
}
```

FactoryPatterMain.java 是抽象工厂模式的演示类。FactoryProducer 可以获得 AbstractFactory 类，以便通过入参信息获得工厂的具体实现子类，如类型：

```
package com.packt.patterninspring.chapter2.factory.pattern;
import com.packt.patterninspring.chapter2.model.Account;
public class FactoryPatterMain {
    public static void main(String[] args) {
        AccountFactory accountFactory = new AccountFactory();
        //get an object of SavingAccount and call its accountType()
        method.
```

```
        Account savingAccount = accountFactory.getAccount("SAVING");
        //call accountType method of SavingAccount
        savingAccount.accountType();
        //get an object of CurrentAccount and call its accountType()
        method.
        Account currentAccount = accountFactory.getAccount("CURRENT");
        //call accountType method of CurrentAccount
        currentAccount.accountType();
    }
}
```

可以测试此文件，并在控制台上看到输出，如图 2.4 所示。

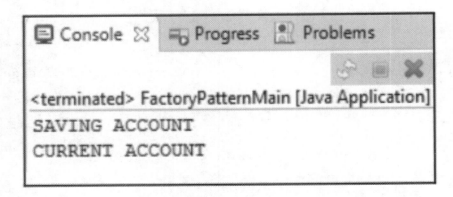

图 2.4　测试文件

现在已经理解了抽象工厂模式，接下来介绍它的不同变体——单例模式。

2.3.3　单例模式

保证一个类仅有一个实例，并提供一个访问它的全局访问点。

单例模式是一种创建模式，它在 Java 中是最简单的设计模式之一。根据单例模式，类对于每个调用者统一提供相同的单例对象。也就是说，它将类的实例化限制在一个对象上，并提供一个访问它的全局访问点。所以，这个类负责创建一个对象，并且保证为该对象的每个调用方只创建一个对象。该类不允许直接实例化其类的对象，取而代之的是，它可以仅通过暴露的静态方法得到其对象实例。

当需要一个对象来协调整个系统的工作时，这种做法就显得很有用。这里，提供类两种方式来创

建单例模式,如下所示:

- 早期实例化:加载时创建实例。
- 懒惰实例化:在需要时创建实例。

单例模式的好处:

- 提供控制器对关键(通常是富对象)类的访问,如 DB 的连接类和 Hibernate 中的 Session-Factory 类。
- 节省了大量内存。
- 是一个多线程环境非常高效的设计。
- 更灵活,因为该类控制实例化的过程,并且该类具有更改实例化过程的灵活性。
- 延迟很低。

1. 单例模式解决的常见问题

单例模式只解决了一个问题,即一个资源只能有一个实例,并且需要管理这个实例,然后使用这个实例。通常,如果不使用单例模式,要在分布式和多线程环境创建数据库连接的配置,那么每个线程都可以创建一个不同配置的新数据库连接对象。对此,使用单例模式后,我们会在整个系统中具有相同配置对象,其中每个线程获得相同的数据库连接。它主要用于多线程环境和数据库应用,也用于日志记录、缓存、线程池、配置设置等。

2. 在 Spring 框架中实现单例模式

Spring 框架提供了一个单例的 Bean 来实现单例模式。它类似于单例模式,但它与 Java 中的单例模式不完全相同。Spring 框架中的一个 Bean 意味着它在容器和 Bean 中是一个单例。如果在 Spring 容器中定义一个特定类的 Bean 是一个单例,那么 Spring 容器会将其创建为有且只有一个实例。

接下来创建一个单例模式的示例应用程序。

3. 单例模式的示例实现

在下面的代码示例中,将通过一个方法创建这个类的实例,如果实例不存在,将会创建它;如果实例已经存在,那么它将简单地返回那个对象的引用。我也考虑了线程安全问题,所以在创建该类的对象之前使用了 synchronized 同步代码块。

单例设计模式如下:

```
package com.packt.patterninspring.chapter2.singleton.pattern;
public class SingletonClass {
    private static SingletonClass instance = null;
```

```
    private SingletonClass() {
    }
    public static SingletonClass getInstance() {
        if (instance == null) {
            synchronized(SingletonClass.class){
                if (instance == null) {
                    instance = new SingletonClass();
                }
            }
        }
        return instance;
    }
}
```

需要注意的是，SingletonClass 类的私有构造方法是以确保调用方没有途径直接创建该类的对象。这个案例是基于懒加载的，这意味着程序第一次创建了单例时要按需实例化。对此，也可以立刻将对象实例化以提高应用程序的运行时性能。下面是同一个 SingletonClass 的早期实例化：

```
package com.packt.patterninspring.chapter2.singleton.pattern;
public class SingletonClass {
    private static final SingletonClass INSTANCE =
            new SingletonClass();
    private SingletonClass() {}
    public static SingletonClass getInstance() {
        return INSTANCE;
    }
}
```

现在已经理解了单例设计模式，接下来介绍它的不同变体——原型模式。

2.3.4 原型模式

用原型实例指定创建对象的种类，并且通过拷贝这些原型创建新的对象。

原型模式是 GoF 设计模式中的创建模式。此模式通过克隆对象的方式来创建新的对象。在企业级应用中，对象创建和初始化属性的成本昂贵。如果已经拥有一种类型的对象，可以考虑使用原型模式；那么，只需要复制这个现有且类似的对象，而不是再创建它，因为这很耗时。

这个模式包括实现一个原型接口，它用于创建一个当前对象。那么，当直接创建对象成本很高时，可以考虑使用该模式。例如，一个对象将在成本很高的数据库操作后再创建。我们可以考虑缓存该对象，然后在下一个请求中直接返回其克隆对象，并在需要时更新数据库，因而减少数据库的调用。

1. 原型模式的好处

使用原型模式的好处如下：
- 通过使用原型模式减少创建耗时对象的时间。
- 减少子类。
- 在运行时添加和删除对象。
- 用类动态配置应用程序。

2. UML 类结构

如图 2.5 所示的 UML 图展示了原型模式的所有组件。

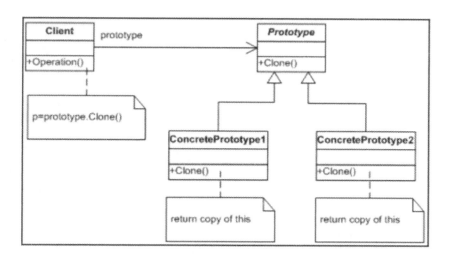

图 2.5　原型模式的 UML 图

以下为列出的组件：

① Prototype：Prototype 是一个接口，它使用克隆方法来创建此接口类型的实例。

② ConcretePrototype：这是 Prototype 接口的一个具体实现子类，它实现了自己的克隆操作。

③ Client：这是一个调用方的类，它通过调用 Prototype 接口的克隆方法来创建 Prototype 接口的新对象。

3. 原型模式的示例实现

首先创建一个命名为 Account 抽象类和继承自它的实现子类。紧接着，再定义 AccountCache，它把账号信息存储在 HashMap 中，并在请求时返回它们的克隆对象。这里，创建的抽象类必须实现 Cloneable 接口，代码如下：

```java
package com.packt.patterninspring.chapter2.prototype.pattern;
public abstract class Account implements Cloneable{
    abstract public void accountType();
    public Object clone() {
        Object clone = null;
        try {
            clone = super.clone();
        }
        catch (CloneNotSupportedException e) {
            e.printStackTrace();
        }
        return clone;
    }
}
```

现在创建继承自它的具体实现子类。

CurrentAccount.java 文件如下：

```java
package com.packt.patterninspring.chapter2.prototype.pattern;
public class CurrentAccount extends Account {
    @Override
    public void accountType() {
        System.out.println("CURRENT ACCOUNT");
    }
}
```

SavingAccount.java 的逻辑如下：

```java
package com.packt.patterninspring.chapter2.prototype.pattern;
public class SavingAccount extends Account{
    @Override
    public void accountType() {
```

```
        System.out.println("SAVING ACCOUNT");
    }
}
```

创建一个 AccountCache.java 文件来获取具体实现子类：

```
package com.packt.patterninspring.chapter2.prototype.pattern;
import java.util.HashMap;
import java.util.Map;
public class AccountCache {
    public static Map<String, Account> accountCacheMap =
            new HashMap<>();
    static{
        Account currentAccount = new CurrentAccount();
        Account savingAccount = new SavingAccount();
        accountCacheMap.put("SAVING", savingAccount);
        accountCacheMap.put("CURRENT", currentAccount);
    }
}
```

PrototypePatternMain.java 是一个演示类，用它来测试 AccountCache 模式。这里，通过传递入仓信息来获取 Account 对象，如类型信息，然后调用 clone() 方法：

```
package com.packt.patterninspring.chapter2.prototype.pattern;
public class PrototypePatternMain {
    public static void main(String[] args) {
        Account currentAccount = (Account)
                AccountCache.accountCacheMap.get("CURRENT").clone();
        currentAccount.accountType();
        Account savingAccount = (Account)
                AccountCache.accountCacheMap.get("SAVING") .clone();
        savingAccount.accountType();
    }
}
```

到目前为止，已经介绍了原型模式的很多内容。接下来介绍下一个设计模式。

2.3.5 建造者模式

将一个复杂的构建与其表示相分离,使得同样的构建过程可以创建不同的表示。

使用建造者模式来一步步地构建一个复杂的对象,最终将返回完整的对象。对象创建的逻辑和过程应该是通用的,因此可以使用它来创建相同对象类型的不同具体实现。该模式简化了复杂对象的构建,隐藏了调用方调用代码时构建对象的细节。当使用这种模式时,需要记住:必须一步一步地构建它,这意味着它不同于其他模式,如抽象工厂模式和工厂方法模式在单个步骤中创建对象,而建造者模式必须需要在多个阶段中构建对象。

建造者模式的好处:

● 将构建与其表示相分离。

● 允许在多个阶段中构建对象,因此在构建过程中有更大的控制权。

● 提供了改变对象内部表示的灵活性。

1. UML 类结构

如图 2.6 所示的 UML 图展示了构造者模式的所有组件。

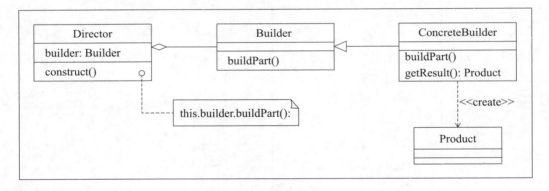

图 2.6　构造者模式的 UML

建造者模式的 UML 图:

● Builder(AccountBuilder):是一个抽象类或接口,用于创建 Account 对象的详细信息。

● ConcreteBuilder:实现自 Builder 接口,用于构建和组装账号的实现细节。

● Director:使用 Builder 接口构造一个对象。

● Product(Account):表示正在构建的复杂对象,AccountBuilder 构建账号的内部表示并定义组装的过程。

2. 在 Spring 框架中实现建造者模式

Spring 框架中有一些功能实现了建造者模式。以下是 Spring 框架中基于建造者模式的类：
- EmbeddedDatabaseBuilder
- AuthenticationManagerBuilder
- UriComponentsBuilder
- BeanDefinitionBuilder
- MockMvcWebClientBuilder

3. 建造者模式能解决的常见问题

在企业级应用中，可以使用建造者模式将应用对象创建分割成多个步骤完成；在每个步骤中都执行部分过程。在这个过程中可以先设置一些必需的参数和一些可选参数，然后在最后一步会得到一个复杂的对象。

建造者模式是一种创建模式，它的设计意图是要抽象构建的步骤，以便这些步骤的不同实现可以构建对象的不同表示。通常情况下，建造者模式按照复合模式来构建。

4. 建造者模式的示例实现

在下面的代码示例中，将创建一个 Account 类作为 AccountBuilder 的内部类，而 AccountBuilder 类有一个方法来创建 Account 类的实例，代码如下：

```
package com.packt.patterninspring.chapter2.builder.pattern;
public class Account {
    private String accountName;
    private Long accountNumber;
    private String accountHolder;
    private double balance;
    private String type;
    private double interest;
    private Account(AccountBuilder accountBuilder) {
        super();
        this.accountName = accountBuilder.accountName;
        this.accountNumber = accountBuilder.accountNumber;
        this.accountHolder = accountBuilder.accountHolder;
        this.balance = accountBuilder.balance;
```

```
            this.type = accountBuilder.type;
            this.interest = accountBuilder.interest;
    }
    //setters and getters
    public static class AccountBuilder {
        private final String accountName;
        private final Long accountNumber;
        private final String accountHolder;
        private double balance;
        private String type;
        private double interest;
        public AccountBuilder(String accountName,
                            String accountHolder, Long accountNumber) {
            this.accountName = accountName;
            this.accountHolder = accountHolder;
            this.accountNumber = accountNumber;
        }
        public AccountBuilder balance(double balance) {
            this.balance = balance;
            return this;
        }
        public AccountBuilder type(String type) {
            this.type = type;
            return this;
        }
        public AccountBuilder interest(double interest) {
            this.interest = interest;
            return this;
        }
        public Account build() {
            Account user =  new Account(this);
            return user;
        }
```

```
    }
    public String toString() {
        return "Account [accountName=" + accountName + ",
        accountNumber=" + accountNumber + ", accountHolder="
            + accountHolder + ", balance=" + balance + ", type="
            + type + ", interest=" + interest + "]";
    }
}
```

AccountBuilderTest.java 是一个演示类，我们将使用它来测试该模式。接下来讨论它如何通过传递初始信息来构建 Account 对象：

```
package com.packt.patterninspring.chapter2.builder.pattern;
public class AccountBuilderTest {
    public static void main(String[] args) {
        Account account = new Account.AccountBuilder("Saving
                Account", "Dinesh Rajput", 11111)
                .balance(38458.32)
                .interest(4.5)
                .type("SAVING")
                .build();
        System.out.println(account);
    }
}
```

测试此文件，并在控制台上看到输出：

```
<terminated> AccountBuilderTest [Java Application] C:\Program Files\Java\jre1.8.0_131\bin\javaw.exe (27-Jun-2017, 2:10:21 AM)
Account [accountName=Saving Account, accountNumber=1111, accountHolder=Dinesh Rajput, balance=38458.32, type=SAVING, interest=4.5]
```

2.4 小 结

学习这一章后，应该了解了 GoF 创建模式及其最佳实践，以及企业级应用开发中不使用设计模式将会遇到的问题和 Spring 如何通过使用创建模式和最佳实践来解决这些问题。在这一章中，只提到了 GoF 设计模式三个类别中的创建模式。创造模式用于创建对象实例，企业级应用中在创建的时候以特定的方式约束，如工厂模式、抽象工厂模式、建造者模式、原型模式和单例模式。在下一章中，我们将学习 GoF 设计模式的其他类别——结构模式和行为模式。它包括适配器模式、桥接模式、组合模式、装饰器模式、外观模式和享元模式。行为模式描述了类或对象交互以及职责的分配，并且特别关注对象之间的通信行为。

第 3 章　结构模式和行为模式

在第 2 章中，你已经实现并实战了创建模式。本章将讲解 GoF 设计模式的其他部分内容：结构模式和行为模式，包括一些最佳实践和应用设计。此外，还将学习使用这些设计模式解决常见问题的思路。

在本章的末尾，你将理解这些设计模式如何在应用程序中提供关于对象组合和工作对象之间的职责委派的设计和开发相关问题的最佳解决方案。同时，你会学习关于 Spring 框架如何在内部实现结构模式和行为模式来提供最佳的企业级解决方案。

本章将涵盖以下几点：

- 实现结构模式。
- 实现行为模式。
- J2EE 设计模式。

3.1　审视核心的设计模式

让我们继续核心的设计模式之旅。

结构模式：该类别下的模式处理类或对象的组合。在企业级应用中，面向对象系统中存在两种常见的功能重用技术：

① **继承**：用于继承其他类的状态和行为。

② **组合**：用于将其他对象组合为该实例类的变量；定义了组合对象从而得到方法的新功能。

行为模式：该类别下的模式描述了类或对象交互以及职责的分配，并且特别关注对象之间的通信行为。所以在这里，你将学习如何使用行为模式来减少复杂的流程控制，以及使用行为模式封装算法并在运行时动态选择。

结构模式

在第2章中,讨论了创建模式以及该模式如何提供根据业务需求创建对象的最佳解决方案。创建模式仅提供在应用程序中创建对象的解决方案,为了解决特定业务目标进行对象的组合的问题,结构模式应运而生。在本章中,将探讨结构模式和这些模式如何在应用程序的较大结构的继承或组合中有效地定义对象之间的关系。结构模式可以解决许多与构建对象之间的关系相关的问题。它们展示了如何通过灵活和可扩展的方式将系统的不同部分黏合在一起。结构模式保证了当其中某个部分发生变化时,整个结构不需要改变。例如,在一辆汽车中,可以用不同的轮胎进行替换,而这个过程不会影响汽车的其他部分。对此,这些设计模式还教我们如何将系统中不适合(但需要使用)的部分放入适合的部分。

1. 适配器模式

将一个类的接口转换成客户希望的另外一个接口。适配器模式属于结构模式,它主要解决由于接口不兼容而不能一起工作的那些类可以一起工作。这种模式在两个不兼容的接口之间进行桥接。对此,适配器模式被广泛使用于应用程序中因功能不兼容,但这些功能需要进行业务集成的场景。

有许多在真实生活中使用适配器模式的例子。假设你有不同类型的电插头,如圆柱形插头和矩形插头,如图3.1所示。为了满足电压要求,使用两者中间的适配器将矩形插头安装在圆柱形插座上。

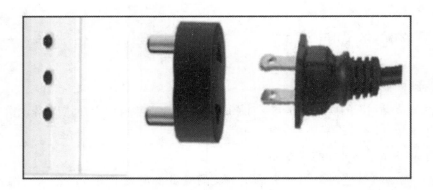

图3.1　圆柱形插头和矩形插头

2. 适配器模式的好处

在应用程序中使用适配器设计模式的好处如下。
● 适配器模式允许两个或两个以上不兼容对象的通信和交互。

● 这种模式促进了应用程序中现有的老功能的可重用性。

3. 适配器模式的常见要求

以下是该设计模式解决常见的设计问题的要求：

● 如果要在应用程序中使用该模式，则需要使用现有具有不兼容接口的类。

● 该模式在应用程序中的另一个用途是创建与不兼容接口的类协作的可重用类。

● 有几个现有的子类要使用，但是为每个子类适配接口是不切实际的。对象适配器可以为它们的父类适配其接口。

接下来讨论 Spring 如何在内部实现适配器模式。

4. 在 Spring 框架中实现适配器模式

Spring 框架使用适配器模式可以实现很多功能。一些在 Spring 框架中使用到适配器模式的类如下：

■ JpaVendorAdapter

■ HibernateJpaVendorAdapter

■ HandlerInterceptorAdapter

■ MessageListenerAdapter

■ SpringContextResourceAdapter

■ ClassPreProcessorAgentAdapter

■ RequestMappingHandlerAdapter

■ AnnotationMethodHandlerAdapter

■ WebMvcConfigurerAdapter

5. 适配器模式的 UML 图

适配器模式的 UML 图中的组件如图 3.2 所示。

● 目标接口（Target）：定义客户所需接口类。

● 适配器类（Adapter）：实现目标接口的包装类，修改 Adaptee 类中可用的特定请求。

● 适配者类（Adaptee）：被 Adapter 类重用其现有功能并修改它以满足使用的期望。

● 调用端（Client）：将与 Adapter 类交互。

接下来讨论适配器模式的示例实现。

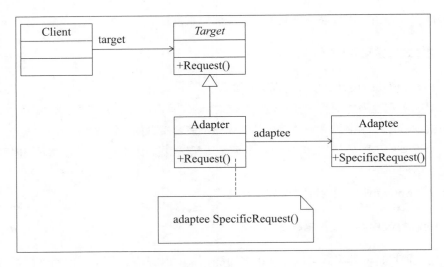

图 3.2　适配器模式的 UML 图

6. 适配器模式的示例实现

为了进一步探讨,将创建一个展示适配器模式的真实场景的案例,它是基于支付网关的支付行为。假设有一个旧的支付网关,并且还有一个最新的高级支付网关,然而这两个网关彼此无关,所以需求是:想从旧的支付网关迁移到这个高级的支付网关,同时更改现有的源代码。现在准备创建一个适配器类来解决这个问题。这个适配器类是两个不同支付网关之间的桥梁,代码如下:

现在为旧的支付网关创建一个接口:

```
package com.packt.patterninspring.chapter3.adapter.pattern;
import com.packt.patterninspring.chapter3.model.Account;
public interface PaymentGateway {
    void doPayment(Account account1, Account account2);
}
```

现在为旧的支付网关创建一个实现类 PaymentGateway Impl.java:

```
package com.packt.patterninspring.chapter3.adapter.pattern;
import com.packt.patterninspring.chapter3.model.Account;
public class PaymentGatewayImpl implements PaymentGateway{
    @Override
    public void doPayment(Account account1, Account account2){
```

```
        System.out.println("Do payment using Payment Gateway");
    }
}
```

新的具有高级功能的支付网关接口和其实现类如下：

```
package com.packt.patterninspring.chapter3.adapter.pattern;
public interface AdvancedPayGateway {
    void makePayment(String mobile1, String mobile2);
}
```

现在为其创建一个实现类：

```
package com.packt.patterninspring.chapter3.adapter.pattern;
import com.packt.patterninspring.chapter3.model.Account;
public class AdvancedPaymentGatewayAdapter implements
AdvancedPayGateway{
    private PaymentGateway paymentGateway;
    public AdvancedPaymentGatewayAdapter(PaymentGateway paymentGateway) {
        this.paymentGateway = paymentGateway;
    }
    public void makePayment(String mobile1, String mobile2) {
        Account account1 = null;
        //get account number by mobile number mobile
        Account account2 = null;
        //get account number by mobile number mobile
        paymentGateway.doPayment(account1, account2);
    }
}
```

这个模式的演示类如下：

```
package com.packt.patterninspring.chapter3.adapter.pattern;
public class AdapterPatternMain {
    public static void main(String[] args) {
        PaymentGateway paymentGateway = new PaymentGatewayImpl();
        AdvancedPayGateway advancedPayGateway = new
                AdvancedPaymentGatewayAdapter(paymentGateway);
```

```
        String mobile1 = null;
        String mobile2 = null;
        advancedPayGateway.makePayment(mobile1, mobile2);
    }
}
```

在前面的类中,我们将旧的支付网关对象作为 PaymentGateway 接口,但是将这个旧的支付网关实现类通过 AdvancedPaymentGatewayAdapter 适配器类转换为高级的支付网关,现在运行这个演示类,输出结果如下:

> \<terminated> AdapterPatternMain [Java Application]
> Do payment using Payment Gateway

现在已经理解了适配器模式,接下来介绍它的不同变体——桥接模式。

7. 桥接模式

将抽象部分与它的实现部分分离开来,以便两者可以独立变化。

在软件工程中,最流行的观点之一是首选组合而不是继承,桥接模式推广了这种流行的观点。类似于适配器模式,它也属于 GoF 的结构模式。桥接模式的实现思路是将抽象部分与它的实现部分分离开来,这意味着它将分离抽象部分与其实现部分到单独的类层次结构中。此外,桥接模式更倾向于组合而不是继承,因为继承并不灵活,并打破了其封装性,因此实现者所做的任何改变都会影响客户端代码。

桥接模式提供了一种在软件开发中的两个不同的独立组件之间交流的方式,并且其桥接结构提供了一种将抽象类和实现类分离的方式。所以任何改变都只影响到实现类或实现者(它的接口),而不影响其抽象类。这使得使用接口和抽象类组合方式成为可能。桥接模式使用接口作为桥接,它用于抽象类的具体子类和该接口的实现类之间。对此,可以对这两种类型的类进行更改,而不会对客户端代码产生任何影响。

8. 桥接模式的优点

以下是桥接模式的优点:
- 桥接模式将抽象部分与它的实现部分分离开来。
- 桥接模式提供了改变这两种类型的类的灵活性,而不会对客户端代码产生任何影响。
- 桥接模式通过抽象的方式隐藏客户端调用的实现细节。

9. 桥接模式解决的常见问题

以下是桥接模式解决的常见问题：
- 移除功能的抽象部分与它的实现部分的永久绑定。
- 更改实现类对其抽象部分和客户端代码不会产生任何影响。
- 使用子类扩展抽象及其实现。

10. 在 Spring 框架中实现桥接模式

以下是 Spring 模块中基于桥接模式的实现：
- ViewRendererServlet：一个 servlet 桥接，主要是对 Portlet MVC 的支持。
- 桥接模式：Spring 日志处理使用到桥梁模式。

11. 桥接模式的示例实现

下面的例子将演示桥接图案。假设你想开两种类型的账户，一种是储蓄账户，另一种是银行系统中的活期账户。

12. 不使用桥接模式的系统

没有使用桥接模式的例子。银行和账户接口之间的关系如图 3.3 所示。

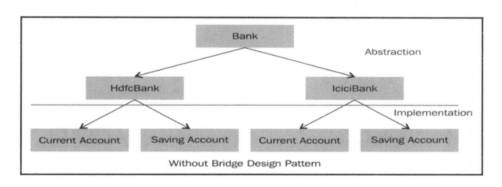

图 3.3 不使用桥接模式的系统

创建一个不使用桥接模式的设计方案。首先，创建一个接口或一个抽象类 Bank。然后，创建它的派生类 IciciBank 和 HdfcBank。此时，要在银行中开户，首先决定账户类别的类型，即储蓄账户和活期账户，这些类扩展了特定的银行类 (HdfcBank 和 IciciBank)。这个应用程序有一个简单的继承层次结构。那么这与上图相比有什么设计问题？你可能会注意到，在这个设计中存在两个部分，一个是抽象部分，另一个是实现部分。客户端代码与抽象部分交互。当更新抽象部分时，它只能访问新的更改或新的实现部分的功能,这意味着抽象部分和实现部分之间紧耦合。

接下来讨论如何使用桥接模式来改进这个例子。

13. 具有桥接模式的系统

使用桥接模式通过以下方式创建银行和账户接口之间的关系,如图 3.4 所示。

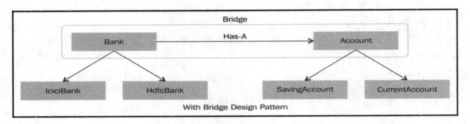

图 3.4　采用桥接模式的系统

14. 桥接模式的 UML 结构

桥接模式是如何解决我们在没有使用桥接模式时所示的设计问题。如图 3.5 所示,桥接模式将抽象部分和实现部分分离成两个类层次。

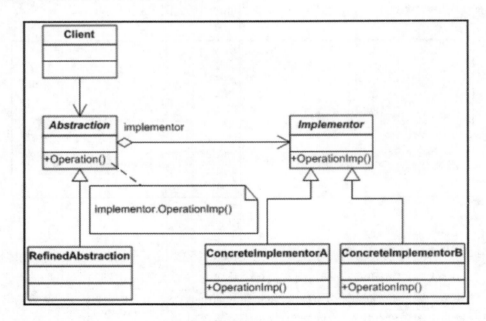

图 3.5　桥接模式的 UML 图

有一个 Account 接口,它充当桥接实现者,以及其存在实现子类的 SavingAccount 类和 CurrentAccount 类。这里,Bank 是一个抽象类,它将使用 Account 对象。

创建一个桥接实现者接口。Account.java 文件如下:

```java
package com.packt.patterninspring.chapter3.bridge.pattern;
public interface Account {
    Account openAccount();
    void accountType();
}
```

创建具体的桥接实现者类来实现实现者接口。创建 SavingAccount 类作为 Account 接口的实现者。SavingAccount.java 文件如下:

```java
package com.packt.patterninspring.chapter3.bridge.pattern;
public class SavingAccount implements Account {
    @Override
    public Account openAccount() {
        System.out.println("OPENED: SAVING ACCOUNT ");
        return new SavingAccount();
    }
    @Override
    public void accountType() {
        System.out.println("##It is a SAVING Account##");
    }
}
```

创建 CurrentAccount 类作为 Account 的实现者。CurrentAccount.java 文件如下:

```java
package com.packt.patterninspring.chapter3.bridge.pattern;
public class CurrentAccount implements Account {
    @Override
    public Account openAccount() {
        System.out.println("OPENED: CURRENT ACCOUNT ");
        return new CurrentAccount();
    }
    @Override
    public void accountType() {
```

```
        System.out.println("##It is a CURRENT Account##");
    }
}
```

在桥接模式中创建抽象部分,首先需要创建 Bank 接口。Bank.java 文件如下:

```
package com.packt.patterninspring.chapter3.bridge.pattern;
public abstract class Bank {
    //Composition with implementor
    protected Account account;
    public Bank(Account account){
        this.account = account;
    }
    abstract Account openAccount();
}
```

实现 Bank 接口的第一个抽象部分,查看 Bank 接口的以下实现类。IciciBank.java 文件如下:

```
package com.packt.patterninspring.chapter3.bridge.pattern;
public class IciciBank extends Bank {
    public IciciBank(Account account) {
        super(account);
    }
    @Override
    Account openAccount() {
        System.out.print("Open your account with ICICI Bank");
        return account;
    }
}
```

实现 Bank 接口的第二个抽象部分,查看 Bank 接口的以下实现类。HdfcBank.java 文件如下:

```
package com.packt.patterninspring.chapter3.bridge.pattern;
public class HdfcBank extends Bank {
    public HdfcBank(Account account) {
        super(account);
```

```
    }
    @Override
    Account openAccount() {
        System.out.print("Open your account with HDFC Bank");
        return account;
    }
}
```

创建桥接模式的演示类。BridgePatternMain.java 文件如下：

```
package com.packt.patterninspring.chapter3.bridge.pattern;
public class BridgePatternMain {
    public static void main(String[] args) {
        Bank icici = new IciciBank(new CurrentAccount());
        Account current = icici.openAccount();
        current.accountType();
        Bank hdfc = new HdfcBank(new SavingAccount());
        Account saving = hdfc.openAccount();
        saving.accountType();
    }
}
```

运行这个演示类，并在控制台中看到以下输出：

```
<terminated> BridgePatternMain [Java Application] C:\Program Files\Java\jre1.8.0_131\bin\jav
Open your account with ICICI Bank##It is a CURRENT Account##
Open your account with HDFC Bank##It is a SAVING Account##
```

现在我们已经理解了桥接模式，接下来介绍它的不同变体——组合模式。

15. 组合模式

将对象组合成树形结构以表示"部分—整体"的层次结构。组合模式使得用户对单个对象和组合对象的使用具有一致性。

在软件工程中，组合模式属于结构模式。根据这种模式，调用者将一组相同类型的对象视为单个对象。组合模式背后的想法是将一组对象组合成树形结构以表示"部分—整体"的层次结构。这使得调用者对单个对象和组合对象的使用具有一致性。

组合模式背后的想法是系统中的对象组合成树形结构,而这个结构组合节点和分支。在树形结构中,节点有许多叶子和其他节点。叶子没有任何东西,这意味着它在树形结构上没有叶子的孩子节点。因此,叶子被视为树形结构的末端。

树形结构数据中的节点和叶子如图 3.6 所示。

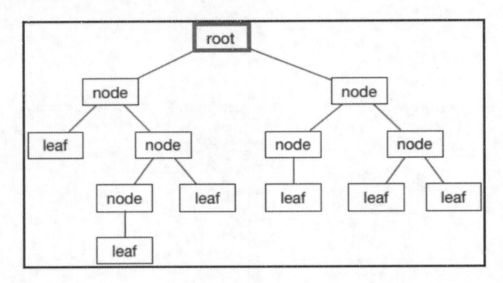

图 3.6　使用节点和叶子的树形结构数据

16. 组合模式解决的常见问题

作为一名开发者,面对跨应用的单个对象和组合对象的使用具有一致性是一个比较困难的设计。这种设计模式解决了这个问题,它使得调用者对单个对象和组合对象的使用具有一致性。

这种模式解决了创建层次树形结构时面临的挑战,它让调用者使用树形结构上的对象具有一致性。在这种情况下,组合模式是一种好的选择,它可以处理同类的基础类型和复合类型。

17. 组合模式的 UML 结构

组合模式将相似类型的对象组合成树形结构,每棵树都有三个主要部分:分支、节点和叶子。以下是这个设计模式中使用的术语:

组件(Component):它是这棵树的一个分支,而这个分支还有其他分支、节点和叶子。它为所有组件提供抽象能力,包括复合物对象。在组合模式中,组件基本上被声明为接口对象。

叶子(Leaf):它是一个实现所有组件方法的对象。

复合物(Composite):它在树形结构中作为一个节点,也有其他节点和叶子,因此它代表一个复合组件。它有添加孩子的方法,也就是它可以表示相同类型对象的集合。它有其他孩子的组件方法。

组合模式的 UML 图如图 3.7 所示。

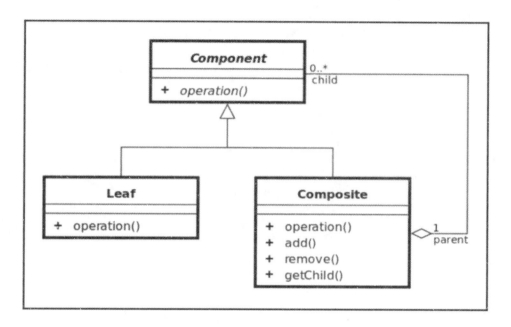

图 3.7 组合模式的 UML 图

18. 组合模式的好处

- 提供了随着现有组件的变化而在流程中动态添加新组件的灵活性。
- 可以针对单个对象和组合对象创建类层次结构。

19. 组合模式的示例实现

在下面的示例中,准备实现一个 Account 接口,它可以是 SavingAccount 和 CurrentAccount 或几个账户的组合。有一个 CompositeBankAccount 类充当组合模式参与者类,代码如下。

创建一个将被视为组件的 Account 接口:

```
public interface Account {
    void accountType();
}
```

创建 SavingAccount 类和 CurrentAccount 类作为组件,它们也将被视为叶子。SavingAccount.java

文件如下:

```
public class SavingAccount implements Account{
    @Override
    public void accountType() {
        System.out.println("SAVING ACCOUNT");
    }
}
```

CurrentAccount.java 文件如下:

```
public class CurrentAccount implements Account {
    @Override
    public void accountType() {
        System.out.println("CURRENT ACCOUNT");
    }
}
```

创建一个将被视为复合物的 CompositeBankAccount 类,并实现 Account 接口。CompositeBank-Account.java 文件如下:

```
package com.packt.patterninspring.chapter3.composite.pattern;
import java.util.ArrayList;
import java.util.List;
import com.packt.patterninspring.chapter3.model.Account;
public class CompositeBankAccount implements Account {
    //Collection of child accounts.
    private List<Account> childAccounts = new ArrayList<Account>();
    @Override
    public void accountType() {
        for (Account account : childAccounts) {
            account.accountType();
        }
    }
    //Adds the account to the composition.
    public void add(Account account) {
        childAccounts.add(account);
```

```
    }
    //Removes the account from the composition.
    public void remove(Account account) {
        childAccounts.remove(account);
    }
}
```

创建一个 CompositePatternMain 客户端。CompositePatternMain.java 文件如下：

```
package com.packt.patterninspring.chapter3.composite.pattern;
import com.packt.patterninspring.chapter3.model.CurrentAccount;
import com.packt.patterninspring.chapter3.model.SavingAccount;
public class CompositePatternMain {
    public static void main(String[] args) {
        //Saving Accounts
        SavingAccount savingAccount1 = new SavingAccount();
        SavingAccount savingAccount2 = new SavingAccount();
        //Current Account
        CurrentAccount currentAccount1 = new CurrentAccount();
        CurrentAccount currentAccount2 = new CurrentAccount();
        //Composite Bank Account
        CompositeBankAccount compositeBankAccount1 = new
                CompositeBankAccount();
        CompositeBankAccount compositeBankAccount2 = new
                CompositeBankAccount();
        CompositeBankAccount compositeBankAccount = new
                CompositeBankAccount();
        //Composing the bank accounts
        compositeBankAccount1.add(savingAccount1);
        compositeBankAccount1.add(currentAccount1);
        compositeBankAccount2.add(currentAccount2);
        compositeBankAccount2.add(savingAccount2);
        compositeBankAccount.add(compositeBankAccount2);
        compositeBankAccount.add(compositeBankAccount1);
        compositeBankAccount.accountType();
```

```
      }
  }
```

运行这个演示类,并在控制台上看到以下输出:

```
<terminated> CompositePatternMain [Jav
CURRENT ACCOUNT
SAVING ACCOUNT
SAVING ACCOUNT
CURRENT ACCOUNT
```

接下来介绍装饰器模式。

20. 装饰器模式

动态地给一个对象添加一些额外的职责。就增加功能来说,装饰器模式相比生成子类更为灵活。

在软件工程中,GoF 结构模式的共同目标是简化企业级应用中对象和类之间的复杂关系。装饰器模式是一种特殊类型的结构模式,它允许在运行时动态或静态地添加和删除对象的行为,而不改变该类的相关对象的现有行为。这种设计模式不违反单一职责或面向对象编程的 SOLID 原则。

这种设计模式使用组合方式代替继承方式实现对象之间的协作;它将功能分成不同的具体类作为独有的关注领域。

21. 装饰器模式的优点

- 这种设计模式允许不改变现有对象的结构,可以动态和静态地扩展功能。
- 通过使用这种设计模式,可以动态地向对象添加新的责任。
- 这种设计模式也被称为包装器。
- 这种设计模式使用对象的组合来践行 SOLID 原则。
- 这种设计模式通过为每个新的特定功能编写新的类来简化编码,而不是更改应用程序的现有代码。

22. 装饰器模式解决的常见问题

在企业级应用中,业务需求或者未来规划会通过添加新功能来扩展产品的行为。要做到这一点,可以使用继承来扩展对象的行为。但是,继承作用于编译时,并且它对该类的其他实例有效。因为代码修改会违反开闭原则。为了避免这种违反 SOLID 原则的情况,可以动态地将新的责任附加到对象上。在这种情况下,装饰器模式应运而生,并提供了非常灵活的方式。下面的真实案例可以体现装饰器模式如何实现这一点。

考虑到银行为了更好地对客户进行服务,将其划分成许多不同账户群体。这里,它将客户分为三类——老年人、受优待的人和年轻人。这家银行启动一项老年人储蓄账户方案:如果他们在这家银行开设储蓄账户,他们将获得高达 1000 美元的医疗保险。同样,银行还为受优待客户提供了一个方案:高达 1600 美元的意外保险和 84 美元的透支功能。但是,年轻人没有方案。

为了满足新需求,我们可以添加 SavingAccount 的新子类;每个子类代表一种储蓄账户,不使用装饰器模式的带继承的应用程序设计如图 3.8 所示。

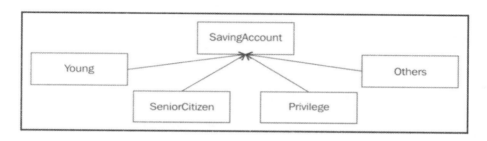

图 3.8　不使用装饰器模式的带继承的应用程序设计

这样设计将非常复杂,因为笔者将为储蓄账户增加更多的福利方案,不仅如此,当这家银行为活期账户推出相同的计划时,会发生什么情况呢? 显然,这种设计有缺陷,但这是装饰器模式的理想用例。装饰器模式允许在运行时动态地添加行为。在这种情况下,创建一个抽象类 AccountDecorator 实现 Account 接口。此外,还将创建 SeniorCitizen 类和 Privilege 类,它们扩展了 AccountDecorator。因为年轻人没有任何额外的方案,所以 SavingAccount 类不会扩展 AccountDecorator。那么,我们将如图 3.9 这样设计。

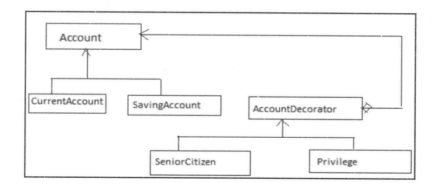

图 3.9　使用装饰器模式的组合应用设计

图 3.9 遵循装饰器模式的理念,它通过创建 AccountDecorator 作为该模式中的装饰器(Decorator),

并专注于观察 Account 和 AccountDecorator 之间关系的重要事情。这种关系如下：

- AccountDecorator 和 Account 之间的 Is-a 关系是正确类型的继承关系。
- AccountDecorator 和 Account 之间的 Has-a 关系是不改变现有代码的情况下添加新的行为的组合关系。

UML 结构如图 3.10 所示。

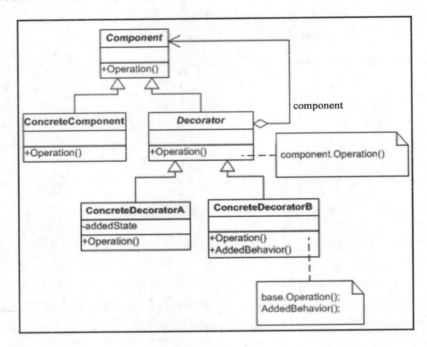

图 3.10　装饰器模式的 UML 图

参与该模式的类和对象如下：

- Component(Account)：一个可以承担动态添加职责的对象接口。
- ConcreteComponent(SavingAccount)：组件 (Component) 接口的具体类，其定义了一个可以承担额外职责的对象。
- Decorator(AccountDecorator)：引用了一个组件 (Component) 对象，并定义一个符合组件接口的接口。
- ConcreteDecorator(SeniorCitizen 和 Privilege)：装饰器 (Decorator) 的实现类，并为组件增加责任。

23. 实现装饰器模式

用下面代码来演示装饰器模式。创建组件类，Account.java 文件如下：

```
package com.packt.patterninspring.chapter3.decorator.pattern;
public interface Account {
    String getTotalBenefits();
}
```

创建具体组件类。SavingAccount.java 文件如下：

```
package com.packt.patterninspring.chapter3.decorator.pattern;
public class SavingAccount implements Account {
    @Override
    public String getTotalBenefits() {
        return "This account has 4% interest rate with per day
        $5000 withdrawal limit";
    }
}
```

为 Account 组件创建另一个具体类。CurrentAccount.java 文件如下：

```
package com.packt.patterninspring.chapter3.decorator.pattern;
public class CurrentAccount implements Account {
    @Override
    public String getTotalBenefits() {
        return "There is no withdrawal limit for current account";
    }
}
```

为 Account 组件创建一个装饰器类。这个装饰器类将其他运行时行为应用于 Account 组件类。AccountDecorator.java 文件如下：

```
package com.packt.patterninspring.chapter3.decorator.pattern;
public abstract class AccountDecorator implements Account {
    abstract String applyOtherBenefits();
}
```

创建一个 ConcreteDecorator 类来实现 AccountDecorator 类。SeniorCitizen 类继承自 AccountDecorator 装饰器类来访问其他运行时行为，如 applyOtherBenefits()。SeniorCitizen.java 文件如下：

```
package com.packt.patterninspring.chapter3.decorator.pattern;
public class SeniorCitizen extends AccountDecorator {
    Account account;
```

```
    public SeniorCitizen(Account account) {
        super();
        this.account = account;
    }
    public String getTotalBenefits() {
        return account.getTotalBenefits() + " other benefits are
        "+applyOtherBenefits();
    }
    String applyOtherBenefits() {
        return " an medical insurance of up to $1,000 for Senior
        Citizen";
    }
}
```

创建另一个 ConcreteDecorator 类来实现 AccountDecorator 类。Privilege 继承自 AccountDecorator 类访问其他运行时行为,如 applyOtherBenefits()。Privilege.java 文件如下:

```
package com.packt.patterninspring.chapter3.decorator.pattern;
public class Privilege extends AccountDecorator {
    Account account;
    public Privilege(Account account) {
        this.account = account;
    }
    public String getTotalBenefits() {
        return account.getTotalBenefits() + " other benefits are
        "+applyOtherBenefits();
    }
    String applyOtherBenefits() {
        return " an accident insurance of up to $1,600 and
        an overdraft facility of $84";
    }
}
```

编写一些测试代码,看看装饰器模式在运行时是如何工作的。DecoratorPatternMain.java 文件如下:

```
package com.packt.patterninspring.chapter3.decorator.pattern;
```

```
public class DecoratorPatternMain {
    public static void main(String[] args) {
        /*Saving account with no decoration*/
        Account basicSavingAccount = new SavingAccount();
        System.out.println(basicSavingAccount.getTotalBenefits());

        /*Saving account with senior citizen benefits decoration*/
        Account seniorCitizenSavingAccount = new SavingAccount();
        seniorCitizenSavingAccount = new
        SeniorCitizen(seniorCitizenSavingAccount);
        System.out.println(seniorCitizenSavingAccount.getTotalBenefits());

        /*Saving account with privilege decoration*/
        Account privilegeCitizenSavingAccount = new SavingAccount();
        privilegeCitizenSavingAccount = new
        Privilege(privilegeCitizenSavingAccount);
        System.out.println(privilegeCitizenSavingAccount.getTotalBenefits());
    }
}
```

运行这个演示类,并在控制台上看到以下输出:

```
<terminated> DecoratorPatternMain [Java Application] C:\Program Files\Java\jre1.8.0_131\bin\javaw.e
This account has 4% interest rate with per day $5000 withdrwal limi
This account has 4% interest rate with per day $5000 withdrwal limi
This account has 4% interest rate with per day $5000 withdrwal limi
```

24. 在 Spring 框架中实现装饰器模式

Spring 框架使用装饰器模式构建重要功能,如事务、缓存同步和与安全相关的任务。一些 Spring 实现此模式的功能如下:

● 织入通知到 Spring 应用程序中。它使用装饰者模式的 CGLib 代理,其通过在运行时生成目标类的子类来工作。

● BeanDefinitionDecorator:通过使用自定义属性来增强 Bean 的定义。

● WebSocketHandlerDecorator:用来增强一个 WebSocketHandler 附加行为。

接下来介绍外观模式。

25. 外观模式

为子系统中的一组接口提供一个一致的界面,外观模式定义了一个高层接口,这个接口使得这一子系统更加容易使用。

外观模式只不过是一个接口来简化客户端代码和子系统类之间的交互。这个设计模式属于 GoF 结构模式。

外观模式的好处:

- 减少了客户端与子系统交互的复杂性。
- 将所有业务服务整合为单个接口,使其更容易被理解。
- 减少了客户端代码对系统内部工作的依赖。

26. 理解何时使用外观模式

假设你正在设计一个系统,而这个系统有非常多独立的类,并且也有一组要实现的服务。这个系统正在以非常复杂的方式运行,所以外观模式应运而生,它减少了较大系统的复杂性,并简化了客户端代码与一组来自大型复杂系统子系统的类之间的交互。

假设你开发一个具有大量服务的银行的企业级应用要执行一项任务,例如,AccountService 通过 accountId 获取 Account 信息,PaymentService 调用支付网关,TransferService 实现从一个账户到另一个账户金额的转移。对此,应用程序的客户端代码与所有这些服务交互并把钱从一个账户转移到另一个账户。不同的客户端与银行系统的金额转移过程交互如图 3.11 所示,可以看到其直接与子系统交互,而子系统的类和客户端也知道子系统类的内部工作,所以它违反了 SOLID 设计原则,因为客户端代码与银行应用程序的子系统的类紧耦合。

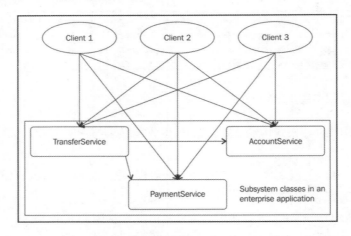

图 3.11　没有使用外观模式的银行应用子系统

客户端代码直接与子系统的类交互不是最佳选择,可以再引入一个接口,它使得子系统更容易使用。如图 3.12 所示,这个接口被称为外观接口,它是基于外观模式理念设计的,这是与子系统交互的简单方式。

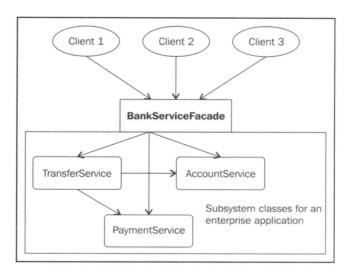

图 3.12　具有外观模式的银行应用子系统

27. 实现外观模式

通过以下演示来学习外观模式。

为银行应用程序创建子系统服务类,看看子系统中的 PaymentService 类。PaymentService.java 文件如下:

```
package com.packt.patterninspring.chapter3.facade.pattern;
public class PaymentService {
    public static boolean doPayment(){
        return true;
    }
}
```

为子系统创建另一个 AccountService 类。AccountService.java 文件如下:

```
package com.packt.patterninspring.chapter3.facade.pattern;
import com.packt.patterninspring.chapter3.model.Account;
import com.packt.patterninspring.chapter3.model.SavingAccount;
public class AccountService {
```

```
    public static Account getAccount(String accountId) {
        return new SavingAccount();
    }
}
```

为子系统创建另一个 TransferService 类。TransferService.java 文件如下：

```
package com.packt.patterninspring.chapter3.facade.pattern;
import com.packt.patterninspring.chapter3.model.Account;
public class TransferService {
    public static void transfer(int amount, Account fromAccount,
                                Account toAccount) {
        System.out.println("Transfering Money");
    }
}
```

现在，创建一个外观服务类来与子系统交互。看看下面子系统的外观接口，然后将这个外观接口实现为银行应用程序中的服务。BankingServiceFacade.java 文件如下：

```
package com.packt.patterninspring.chapter3.facade.pattern;
public interface BankingServiceFacade {
    void moneyTransfer();
}
```

BankingServiceFacadeImpl.java 文件如下：

```
package com.packt.patterninspring.chapter3.facade.pattern;
import com.packt.patterninspring.chapter3.model.Account;
public class BankingServiceFacadeImpl implements
        BankingServiceFacade{
    @Override
    public void moneyTransfer() {
        if(PaymentService.doPayment()){
            Account fromAccount = AccountService.getAccount("1");
            Account toAccount   = AccountService.getAccount("2");
            TransferService.transfer(1000, fromAccount, toAccount);
        }
    }
}
```

```
}
```

创建外观模式的客户端。FacadePatternClient.java 文件如下：

```
package com.packt.patterninspring.chapter3.facade.pattern;
public class FacadePatternClient {
    public static void main(String[] args) {
        BankingServiceFacade serviceFacade = new
                BankingServiceFacadeImpl();
        serviceFacade.moneyTransfer();
    }
}
```

28. 外观模式的 UML 结构

参与该模式的类和对象有：

● 外观接口 (BankingServiceFacade)

这是一个外观接口，它知道哪些子系统类负责请求。该接口负责将客户端请求委托给适当的子系统对象。

● 子系统 (AccountService,TransferService,PaymentService)

这些接口实际上是银行流程系统的子系统功能。它们负责处理外观对象分配流程。该类别中没有接口对外观对象有引用；它们不知道外观模式的实现细节，并且完全独立于外观对象。外观模式的 UML 图如图 3.13 所示。

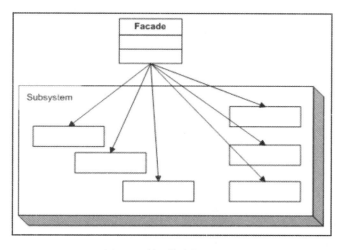

图 3.13 外观模式的 UML 图

29. 在 Spring 框架中实现外观模式

在企业级应用中,如果使用到 Spring 框架,那么外观模式常用于应用程序的业务服务层,它用于整合所有服务。也可以在 DAO 的持久层上应用这种模式。

接下来介绍代理模式。

30. 代理模式

为其他对象提供一种代理以控制对这个对象的访问。

代理模式提供了一个具有另一个类的功能的对象,它属于 GoF 的结构模式。这种设计模式的目的是为另一个类及其功能提供一个与外部世界的交互类。

31. 代理模式的目的

● 把实际对象从外部世界隐藏。
● 可以提高性能,因为它按需创建对象。

32. 代理模式的 UML 结构

代理模式的 UML 图如图 3.14 所示。

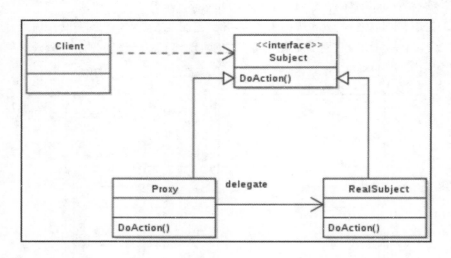

图 3.14　代理模式的 UML 图

UML 图的不同组件如下:
● Subject:由 Proxy 和 RealSubject 实现的实际接口。
● RealSubject:一个代理委派的真实对象,真正的 Subject 的实现者。

● Proxy：一个代理对象，也是真正的 Subject 对象的实现者。它维护着真实对象的引用。

33. 实现代理模式

下面代码是关于代理模式的演示。

创建一个 Account 接口。Account.java 文件如下：

```java
public interface Account {
    void accountType();
}
```

创建一个实现 Subject 的 RealSubject 类，看看代理模式的 RealSubject 类。SavingAccount.java 文件如下：

```java
public class SavingAccount implements Account{
    public void accountType() {
        System.out.println("SAVING ACCOUNT");
    }
}
```

创建一个实现 Subject 并具有 RealSubject 的代理类。ProxySavingAccount.java 文件如下：

```java
package com.packt.patterninspring.chapter2.proxy.pattern;
import com.packt.patterninspring.chapter2.model.Account;
import com.packt.patterninspring.chapter2.model.SavingAccount;
public class ProxySavingAccount implements Account{
    private Account savingAccount;
    public void accountType() {
        if(savingAccount == null){
            savingAccount = new SavingAccount();
        }
        savingAccount.accountType();
    }
}
```

34. 在 Spring 框架中实现代理模式

Spring 框架使用 Spring AOP 模块中的代理模式。正如在第 1 章中所讨论的，在 Spring AOP 中，可以创建对象的代理来实现横切关注点。在 Spring 中，其他模块也实现了代理模式，如 RMI、Spring

的 HTTP 调用、Hessian 和 Burlap。

接下来讨论关于行为模式及其所涵盖的模式和案例。

35. 行为模式

行为设计模式的意图是一组对象之间的交互作用,以执行单个对象无法自己执行的任务。对象之间的交互应该是松耦合的,该类模式描述了类或对象交互以及职责的分配。

36. 责任链模式

避免请求发送者与接收者耦合在一起,让多个对象都有可能接收请求,将这些对象连接成一条链,并且沿着这条链传递请求,直到有对象处理它为止。

责任链模式属于 GoF 的行为模式。根据其设计理念,它将请求的发送者和接收者分离。发送者向接收者链发送请求,然后链中的任何一个接收者都可以处理该请求。在这种模式下,接收者对象具有另一个接收者对象的引用,因此它如果不处理请求,就会将相同的请求传递给另一个接收者对象。例如,在银行系统中,可以使用 ATM 在任何地方取款,这就是责任链模式在现实生活中的案例之一。

这种模式有以下好处:

- 减少了系统在处理一个请求时,发送者和接收者对象之间的耦合。
- 更灵活地将职责分配给另一个引用的对象。
- 使用组合的方式生成了一个对象链,并且这组对象将作为单元进行工作。

责任链模式的 UML 图如图 3.15 所示,其展现了一个责任链模式的所有组件。

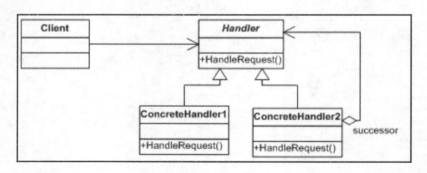

图 3.15　责任链模式的 UML 图

- Handler:系统中处理请求的抽象类或接口。
- ConcreteHandler:实现 Handler 的具体类以便于处理请求,或者将相同的请求传递给这条责任链的下一个继任者。
- Client:向责任链上的处理程序对象发起请求的主要应用程序类。

37. 在 Spring 框架中实现责任链模式

Spring Security 项目实现了责任链模式。Spring Security 允许通过使用安全过滤器链在应用程序中实现身份验证和授权功能,这是一个高度可配置的框架。由于使用了责任链设计模式,因此可以在过滤器链上添加自定义过滤器以自定义功能。

接下来介绍其不同的变体——命令模式。

38. 命令模式

将一个请求封装成一个对象,从而可以用不同的请求、队列或日志对客户进行参数化,并支持可撤销操作。

命令模式属于 GoF 模式的行为模式,该模式是一个非常简单的数据驱动模式,它允许将请求数据封装到一个对象中,并将该对象作为命令传递给调用方的方法,然后将命令作为另一个对象返回给调用方。

使用命令模式的好处如下:

- 能够将数据作为对象在系统组件发送方和接收方之间传输。
- 通过要执行的操作对对象进行参数化。
- 可以轻松地在系统中添加新命令,而无须更改现有类的命令。

命令模式的 UML 图如图 3.16 所示,它展现了命令模式的所有组件。

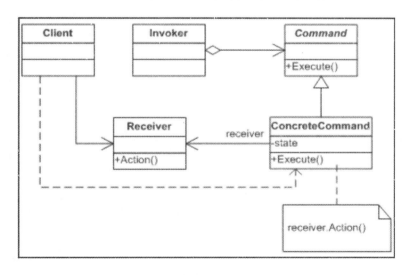

图 3.16 命令模式的 UML 图

- Command:一个接口或抽象类,具有要在系统中执行的操作。
- ConcreteCommand:命令 (Command) 接口的具体实现,并定义将执行的操作。

● Client：一个主类，它创建 ConcreteCommand 对象并设置它的接收者。
● Invoker：调用请求以携带命令对象的调用方。
● Receiver：简单的处理方法，其通过 ConcreteCommand 执行实际操作。

39. 在 Spring 框架中实现命令模式

Spring MVC 实现了命令模式。在企业级应用中使用到 Spring 框架，经常会看到通过使用命令对象来实现命令模式。

接下来介绍它的不同变体——解释器模式。

40. 解释器模式

给定一个语言，定义它的语法表示，并定义一个解释器，这个解释器使用该表示来解释语言中的句子。

解释器模式允许在编程中解释表达式语言以定义其语法的表示，它属于 GoF 模式的行为模式。

使用解释器模式的好处如下：

● 这种模式允许轻松地改变和扩展语法。
● 使用表达式语言很容易。

解释器模式的 UML 图如图 3.17 所示，展示了解释器模式的所有组件。

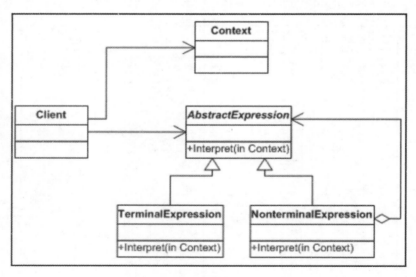

图 3.17　解释器模式的 UML 图

● AbstractExpression：使用 interpret() 操作执行任务的接口。
● TerminalExpression：上述接口的一个实现，它实现了终端表达式的 interpret() 操作。

- NonterminalExpression：上述接口的一个实现,它实现了非终端表达式的 interpret() 操作。
- Context：一个字符串表达式,包含对解释器的全局信息。
- Client：调用解释操作的主类。

41. 在 Spring 框架中实现解释器模式

在 Spring 框架中,解释器模式在 Spring 表达式语言 (SpEL) 中使用。Spring 从 Spring 3 中增加了这个新功能,可以在企业级应用程序中通过 Spring 框架使用它。

接下来介绍它的不同变体——迭代器模式。

42. 迭代器模式

迭代器模式是编程语言中非常常用的设计模式,如 Java 语言。这个模式属于 GoF 模式的行为模式,它允许按顺序访问一个聚合对象中的各个元素,而又无须暴露该对象的内部表示。

迭代器模式的好处如下：

- 轻松访问集合中的各个元素。
- 可以多次访问集合中的元素,因为它支持遍历中的许多变化。
- 为遍历集合中的不同结构提供了统一的接口。

迭代器模式的 UML 图如图 3.18 所示,其展示了迭代器模式的所有组件。

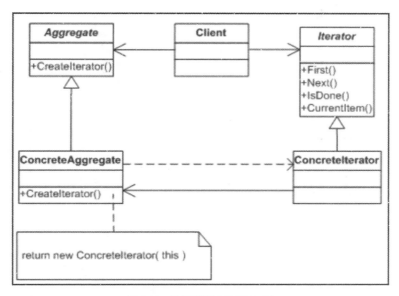

图 3.18 迭代器模式的 UML 图

● Iterator：访问和遍历集合元素的接口或抽象类。
● ConcreteIterator：Iterator 接口的实现。
● Aggregate：创建迭代器对象的接口。
● ConcreteAggregate：Aggregate 接口的实现，它实现 Iterator 创建接口以返回适当的 Concrete-Iterator 的实例。

43. 在 Spring 框架中实现迭代器模式

Spring 框架还通过 CompositeIterator 类扩展迭代器模式。该模式主要用于 Java 语言的集合框架中，并用于按顺序迭代访问元素。

接下来介绍另一个模式——观察者模式。

44. 观察者模式

定义对象间一对多的依赖关系。当一个对象的状态发生改变时，所有依赖于它的对象都得到通知并被自动更新。

观察者模式是一种非常常见的设计模式，它属于 GoF 模式的行为模式，涉及应用程序中的对象职责以及它们在运行时如何进行通信。根据这种模式的设计理念，有时在应用程序中对象之间会形成一对多的关系，此时如果一个对象被修改，它会自动通知其他依赖的对象，如 Facebook 的帖子评论就是观察者模式。如果你对你朋友的帖子发布评论，那么无论是谁再次对这个帖子发布评论，你都会接到这个帖子的消息通知。

观察者模式提供了解耦对象之间的通信。它让对象之间大多保持一对多的关系。在这个模式中，有一个称为 Subject 的对象。每当其状态发生任何更改时，都会通知其相应的依赖列表中的对象，这个依赖列表中的对象被称为 Observer。观察者模式如图 3.19 所示。

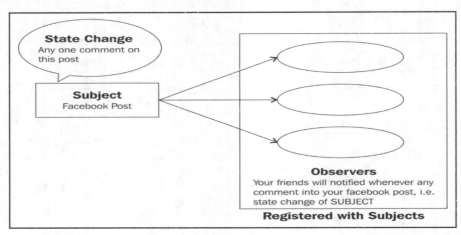

图 3.19　观察者模式的用例

使用观察者模式的好处如下：

● 提供了主体和观察者之间的解耦关系。

● 支持广播模式。

观察者模式的 UML 图如图 3.20 所示，其展示了观察者模式的所有组件。

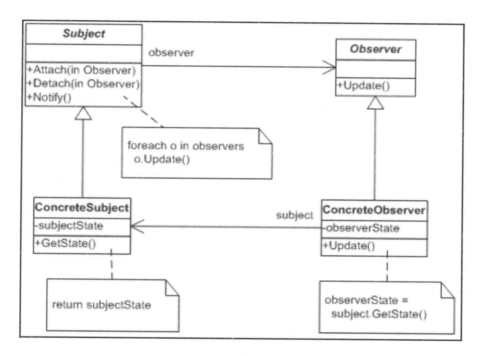

图 3.20 观察者模式的 UML 图

● Subject：一个接口，维护其所有观察者的信息。

● ConcreteSubject：Subject 的具体实现，它在状态改变时通知所有观察者的信息。

● Observer：一个当主题发生变化时被通知的接口。

● ConcreteObserver：观察者模式的具体实现，它使观察者的状态与被观察者的状态保持一致。

45. 在 Spring 框架中实现观察者模式

在 Spring 框架中，观察者模式用于实现 ApplicationContext 的事件处理功能。Spring 为我们提供了 ApplicationEvent 类和 ApplicationListener 接口来启用事件处理。Spring 应用程序中的任何 Bean 实现 ApplicationListener 接口，都会接收到 ApplicationEvent 作为事件发布者推送的消息。在这里，事件发布者是主题和实现 ApplicationListener 的 Bean 的观察者。

接下来介绍它的不同变体——模板方法模式。

46. 模板方法模式

定义一个在操作中的算法的骨架,而将一些步骤延迟到子类中。模板方法使得子类可以不改变一个算法的结构即可重定义该算法的某些特定步骤。

在模板方法模式中,抽象类包装了一些定义的方法。该方法允许重写其中部分方法而不是完全重写它。你可以在应用程序中使用它的具体类来执行类似的类型操作。该设计模式属于 GoF 模式的行为模式。

使用模板方法模式的好处如下:

● 通过重用代码来减少应用程序中的样板代码。

● 创建一个模板或方法来重用多个类似的算法来执行一些业务需求。

模板方法模式的 UML 图如图 3.21 所示,其展示了模板方法设计模式的组件。

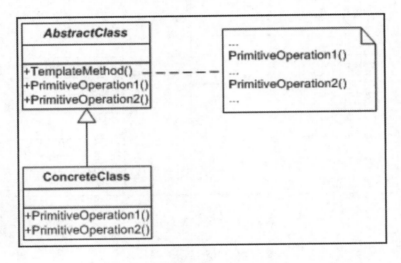

图 3.21　模板方法模式的 UML 图

● AbstractClass:一个抽象类,包含一个定义算法骨架的模板方法。

● ConcreteClass:一个 AbstractClass 的具体子类,它实现了执行特定算法的原始步骤的操作。

3.2　J2EE 设计模式

J2EE 是设计模式的其他主要类别。J2EE 设计模式可以极大地简化应用程序设计,该设计模式已经记录在 Sun 的 Java 蓝图中。这些 J2EE 设计模式在不同层中对象协作的实践里提供了经久不衰的解决方案和最佳方案。这些设计模式特别涉及以下列出的层:

● 表示层的设计模式

● 业务层的设计模式

● 集成层的设计模式

这些设计模式具体涉及以下列出的层：

● 表示层的设计模式

① 视图助手

将企业级 J2EE 应用程序的视图与业务逻辑分离。

② 前端控制器

提供一个单一的端点来处理所有对 J2EEWeb 应用程序的请求，它将请求转发给特定的应用程序控制器来访问表示层资源的模型和视图。

③ 应用控制器

该请求实际上由应用控制器处理，它充当前端控制器助手，并负责与业务模型和视图组件的协作。

④ 调度器视图

只与视图相关，并在执行时不使用业务逻辑来准备对下一个视图的响应。

⑤ 拦截过滤器

在 J2EE Web 应用程序中，可以配置多个拦截器以便在处理用户请求（如跟踪和审核请求）之前和之后进行处理。

● 业务层的设计模式

① 业务委派

充当应用程序控制器和业务逻辑之间的桥梁。

② 应用服务

提供了业务逻辑，以便将模型实现作为表示层的简单 Java 对象。

● 集成层的设计模式

① 数据访问对象

是为访问业务数据而实现的，它将企业级应用程序中的数据访问逻辑与业务逻辑分离开来。

② Web 服务代理

封装了访问外部应用程序资源的逻辑，并将其公开为 Web 服务。

3.3　小　结

阅读本章后，你现在应该了解 GoF 设计模式及其最佳实践、如果不在企业级应用程序中实现设计模式会出现的问题，以及 Spring 如何通过使用大量设计模式和良好实践来构建应用程序来解决这些问题。在前一章中，已经提到了三种类别主要的 GoF 设计模式，如创建模式，它对于创建对象实例非常有用，可以在企业级应用中创建的时候以特定的方式约束；如工厂模式、抽象工厂模式、建造者模式、原型模式和单例模式。第二个主要类别是结构模式，它通过处理类或对象的组合来作用于企业级应用程序的设计结构，从而降低了应用程序的复杂性，提高了应用程序的可重用性和性能，其中涵盖了适配器模式、桥接模式、组合模式、装饰器模式、外观模式和代理模式。最后，另一个主要类别是行为模式，它描述类或对象交互和分配责任的方式，而属于这一类别的模式特别关注对象之间的通信。

第4章　使用依赖注入模式装配 Bean

在这一章中，我们将更详细地介绍 Bean 注入和 Spring 应用程序中的依赖项配置，以及在 Spring 应用程序中各种各样的配置依赖项的方法。其中，包括配置 XML、Annotation、Java 和混合。

每个人都喜欢电影吧？好吧，如果不是电影，那么游戏、戏剧或演唱会怎么样？我曾经想过如果不同的团队成员之间不互相交流会发生什么？我所说的团队不仅仅是指演员，而且指布景团队、化妆人员、音视频人员和音响系统人员等。不用说，每个成员都对最终产品有重要贡献，而且这些团队人员需要大量的协调。

一部大电影是数百人共同努力的产物。同样地，伟大的软件是应用程序中许多对象协同工作一起满足业务目标的产物。假设一个团队中每个对象都必须认识对方，并相互沟通以便完成他们的工作。

在银行系统中，转账服务必须依赖账户服务，而账户服务必须依赖于账户存储库等。所有这些组件协同工作才能使银行系统可正常运行。在第 1 章中了解到用传统方法创建的银行案例，也就是说，使用构造和直接对象初始化创建对象。这种传统的方法导致代码复杂，很难重用，并且彼此高度耦合。

但在 Spring 中，对象可以做好自己的工作，而无须寻找和创建其工作中所需的其他依赖对象。Spring 容器会为其查找或创建其他依赖对象并与其协作。在前面的银行系统案例中，转账服务依赖于账户服务，但它不必创建账户服务，因此依赖项由容器创建，并移交给应用程序来维护其依赖关系。

在本章中，我们将参考依赖注入（DI）模式讨论基于 Spring 的应用程序的幕后故事，以及它是如何工作的。在本章结束时，你将了解基于 Spring 应用程序的对象如何在它们之间创建关联，以及 Spring 如何连接这些对象以便完成任务和 Spring 中的很多种 Bean 注入的方法。

本章将涵盖以下内容：
- 依赖注入模式。
- 依赖注入模式的类型。
- 使用抽象工厂模式解决依赖关系。

- 查找方法注入模式。
- 使用工厂模式配置 Bean。
- 配置依赖项。
- 在应用程序中配置依赖项的通用最佳实践。

4.1 依赖注入模式

在任何企业级应用程序中，为了商业目标而实现的工作对象之间的协调非常重要。应用程序中对象之间的关系表现为对象的依赖关系，因此每个对象都可以通过调用程序中的依赖对象来完成任务。这些对象之间所需的依赖关系往往很复杂，并且在应用程序中存在紧耦合。Spring 通过使用依赖注入模式为应用程序的紧耦合代码提供了解决方案。依赖注入是一种设计模式，它有利于应用程序中的类之间的松耦合。这意味着系统中的类依赖于其他类的行为，而不依赖于类的对象的实例化。依赖注入模式还鼓励向接口编程，而不是面向实现编程。对象应该依赖于接口，而不是具体的实现类，因为松耦合的结构提供了更高的可重用性、可维护性和可测试性。

使用依赖注入模式解决问题

在任何企业应用程序中，要处理的一个常见问题是如何配置不同的元素并将它们连接在一起以实现业务目标。例如，如何将 Web 层的 controller 与团队中不同成员编写的 service 和 repository 接口绑定在一起，而不必知道 Web 层的 controller。所以，有许多框架通过使用轻量级容器从不同的层组装组件来为这个问题提供解决方案。这类框架的案例中有 PicoContainer 和 Spring 框架。

PicoContainer 和 Spring 容器使用了许多设计模式来解决组装不同层的不同组件的问题。在这里，将讨论其中一种设计模式——依赖注入模式。依赖注入为我们提供了一个分离的松耦合系统。它保证了依赖对象的构造。在下面的案例中，我们将演示依赖注入模式如何解决与各个分层组件之间的协作相关的常见问题。

1. 无依赖注入

在下面的 Java 案例中，先看看两个类之间的依赖关系是什么？类图如图 4.1 所示。

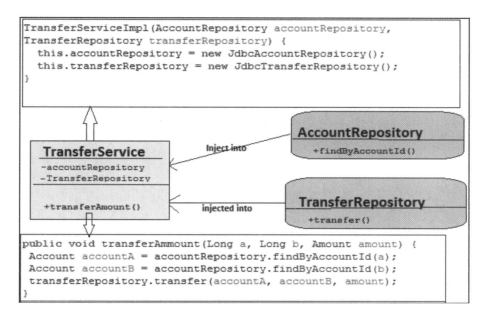

图 4.1 TransferService 与 AccountRepository 和 TransferRepository 之间存在依赖关系，transferAmount() 方法直接实例化存储库类

从图 4.1 中可看到，TransferService 类包含两个成员变量 AccountRepository 和 TransferRepository，它们通过 TransferService 构造方法实现初始化。TransferService 决定使用存储库的哪个实现，并且控制着它们的构造。在这种情况下，TransferService 被称为对以下案例具有硬编码依赖关系。TransferServiceImpl.java 文件如下：

```java
public class TransferServiceImpl implements TransferService {
    AccountRepository accountRepository;
    TransferRepository transferRepository;
    public TransferServiceImpl(AccountRepository accountRepository,
                               TransferRepository transferRepository){
        super();
        // Specify a specific implementation in the constructor
        instead of using dependency injection
        this.accountRepository = new JdbcAccountRepository();
        this.transferRepository = new JdbcTransferRepository();
    }
    // Method within this service that uses the accountRepository and
    transferRepository
```

```
    @Override
    public void transferAmmount(Long a, Long b, Amount amount) {
        Account accountA = accountRepository.findByAccountId(a);
        Account accountB = accountRepository.findByAccountId(b);
        transferRepository.transfer(accountA, accountB, amount);
    }
}
```

在上述案例中,TransferServiceImpl 类具有两个类的依赖:AccountRepository 和 Transfer-Repository。TransferServiceImpl 类有两个依赖的成员变量,并通过其构造方法使用 JdbcAccount-Repository 和 JdbcTransferRepository 等存储库的 JDBC 实现来初始化它们。TransferServiceImpl 类与存储库的 JDBC 实现紧耦合,如果 JDBC 实现方式更改为 JPA,那么就必须改动到 Transfer-ServiceImpl 类。

根据 SOLID(单一职责原则、开闭原则、里氏替换原则、接口分离原则、依赖倒置原则)原则,一个类在应用程序中应该有单一职责,但是在上述案例中,TransferServiceImpl 类还负责构造 JdbcAccountRepository 和 JdbcTransferRepository 类,不能在类中直接使用对象实例化。

在第一次尝试避免 TransferServiceImpl 类中的直接实例化逻辑时,可以使用创建 TransferServiceImpl 实例的工厂类。根据这个想法,TransferServiceImpl 将 AccountRepository 和 TransferRepository 之间的依赖性最小化,之前有一个紧耦合的存储库实现,但现在它只引用接口,如图 4.2 所示。

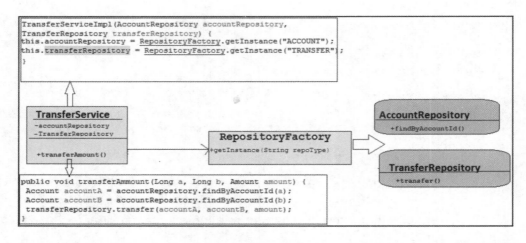

图 4.2 TransferService 与 AccountRepository 和 TransferRepository 具有依赖关系,transferAmount() 方法与存储库类工厂具有依赖关系

但是,TransferServiceImpl 类再次与 RepositoryFactory 类实现紧耦合。此外,这个方式不适合于有更多依赖关系的情况,这会增加工厂类或工厂类的复杂性。存储库类也可以有其他依赖项。

下面的代码使用 Factory 类来获取 AccountRepository 和 TransferRepository 类。TransferServiceImpl.java 文件如下:

```java
package com.packt.patterninspring.chapter4.bankapp.service;
public class TransferServiceImpl implements TransferService {
    AccountRepository accountRepository;
    TransferRepository transferRepository;
    public TransferServiceImpl(AccountRepository accountRepository,
                               TransferRepository transferRepository){
        this.accountRepository = RepositoryFactory.getInstance();
        this.transferRepository = RepositoryFactory.getInstance();
    }
    @Override
    public void transferAmount(Long a, Long b, Amount amount) {
        Account accountA = accountRepository.findByAccountId(a);
        Account accountB = accountRepository.findByAccountId(b);
        transferRepository.transfer(accountA, accountB, amount);
    }
}
```

在上述代码案例中,已经将紧耦合最小化了,并删除了直接从 TransferServiceImpl 类的对象实例化,但这不是最佳的解决方案。

2. 依赖注入模式

工厂的想法避免直接实例化类对象,还必须创建另一个模块,负责连接类之间的依赖关系。这个模块被称为依赖注入器,并且基于控制反转 (IoC) 模式。根据 IoC 框架,它负责对象的容器实例化,并解决应用程序中类之间的依赖关系。这个模块在其作用域下定义的对象在创建到销毁的过程中存在自己的生命周期。

图 4.3 中,使用依赖注入模式来解决 TransferServiceImpl 类的依赖项。

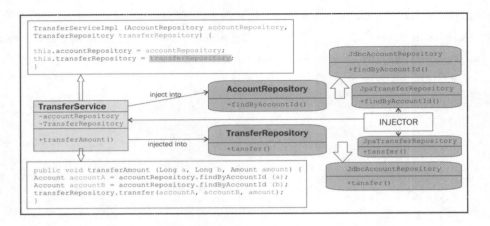

图 4.3 使用依赖注入模式解决 TransferService 的依赖关系

在下面的示例中,使用了一个接口来解决依赖关系。TransferServiceImpl.java 文件如下:

```java
package com.packt.patterninspring.chapter4.bankapp.service;
public class TransferServiceImpl implements TransferService {
    AccountRepository accountRepository;
    TransferRepository transferRepository;
    public TransferServiceImpl(AccountRepository accountRepository,
                            TransferRepository transferRepository){
        this.accountRepository = accountRepository;
        this.transferRepository = transferRepository;
    }
    @Override
    public void transferAmmount(Long a, Long b, Amount amount) {
        Account accountA = accountRepository.findByAccountId(a);
        Account accountB = accountRepository.findByAccountId(b);
        transferRepository.transfer(accountA, accountB, amount);
    }
}
```

在 TransferServiceImpl 类中,将 AccountRepository 和 TransferRepository 接口的引用传递给构造方法。现在 TransferServiceImpl 类与实现存储库 Repository 类松耦合(使用任何风格的存储库接口,JDBC 或 JPA 实现),框架负责注入依赖项及其相关从属类。松耦合为我们提供了更高的可重用性、可维护性和可测试性。

Spring 框架实现依赖注入模式来解决 Spring 应用程序中类之间的依赖。Spring DI 基于 IoC 的概念,也就是说,Spring 框架有一个创建、管理和销毁对象的容器,它被称为 Spring IoC 容器。位于 Spring 容器中的对象称为 Spring Beans。在 Spring 应用程序中有许多注入 Bean 的方式。接下来看看配置 Spring 容器的三种最常见的方式。

下面是查看依赖注入模式的类型,可以使用其中任何一个配置依赖项。

4.2　依赖注入模式的类型

注入应用程序的依赖项注入类型如下:
- 基于构造方法的依赖注入
- 基于 setter 的依赖注入

4.2.1　基于构造方法的依赖注入

依赖注入是一种解决类之间依赖关系的设计模式,而其依赖关系只是对象属性。必须使用构造方法注入或 setter 注入为依赖对象构造注入器。构造方法注入是在创建时赋值这些对象属性以实例化对象的方法之一。对象有一个公开构造方法,它将依赖类作为构造函数参数来注入依赖项。我们能向依赖类中声明多个构造方法。以前只有 PicoContainer 框架使用基于构造方法的依赖项注入来解析依赖项。目前,Spring 框架也支持构造方法注入来解决依赖关系。

1. 构造方法注入模式的优点

如果在 Spring 应用程序中使用构造方法注入模式,有以下优点:
- 基于构造方法的依赖项注入更适合于强制性依赖关系,并且它生成了一个强依赖关系。
- 基于构造方法的依赖注入提供了比其他方法更紧凑的代码结构。
- 支持构造方法参数传递给依赖类的依赖项进行测试。
- 支持使用不可变对象,并且不破坏信息隐藏原则。

2. 构造方法注入模式的缺点

基于构造方法的注入模式的唯一缺点:

可能导致循环依赖。循环依赖意味着依赖类和依赖类也是相互依赖的,例如,A 类依赖于 B 类,而 B 类也依赖于 A 类。

3. 基于构造方法的依赖注入模式示例

下面是基于构造方法的依赖注入示例。

在代码中有一个 TransferServiceImpl 类，它的构造方法有两个参数：

```java
public class TransferServiceImpl implements TransferService {
    AccountRepository accountRepository;
    TransferRepository transferRepository;
    public TransferServiceImpl(AccountRepository accountRepository,
                             TransferRepository transferRepository){
        this.accountRepository = accountRepository;
        this.transferRepository = transferRepository;
    }
    // ...
}
```

存储库也将由 Spring 容器管理，因此容器会将数据库配置的 database 对象注入其中。JdbcAccountRepository.java 文件如下：

```java
public class JdbcAccountRepository implements AccountRepository{
    JdbcTemplate jdbcTemplate;
    public JdbcAccountRepository(DataSource dataSource) {
        this.jdbcTemplate = new JdbcTemplate(dataSource);
    }
    // ...
}
```

JdbcTransferRepository.java 文件如下：

```java
public class JdbcTransferRepository implements TransferRepository{
    JdbcTemplate jdbcTemplate;
    public JdbcTransferRepository(DataSource dataSource) {
        this.jdbcTemplate = new JdbcTemplate(dataSource);
    }
    // ...
}
```

可以在上述代码中看到存储库的 JDBC 实现,即 AccountRepository 和 TransferRepository。这些类还有一个参数的构造方法,用于将依赖项注入到 DataSource 类中。

接下来讨论在企业应用程序中实现依赖注入的另一种方法,即 setter 注入。

4.2.2　基于 setter 的依赖注入

容器注入器有另一种方法来转配依赖对象的依赖关系。在 setter 注入中,实现这些依赖的方法之一是在依赖类中提供 setter 方法。对象有一个公开的 setter 方法,其需要依赖类拥有带参数的方法来注入依赖项。对于基于 setter 的依赖注入模式不需要依赖类的构造方法。因此,如果更改依赖类的依赖项,则不需要更改依赖类。Spring 框架和 PicoContainer 框架都支持 setter 注入来解决依赖关系。

1. setter 注入模式的优点

在 Spring 应用程序中使用 setter 注入模式的优点如下:
- 比构造方法注入更易读。
- 解决了应用程序中的循环依赖问题。
- 允许尽可能晚地创建代价高昂的资源或服务,并且仅在需要时才注入。
- 不需要更改构造方法,而是通过公开暴露的属性赋值来传递。

2. setter 注入模式的缺点

setter 注入模式的缺点如下:
- 在 setter 注入模式中安全性较低,因为它可以被覆盖。
- 基于 setter 的依赖注入不能提供与构造方法注入一样紧凑的代码结构。
- 使用 setter 注入时要小心,因为它不是必需的依赖项。

3. 基于 setter 的依赖注入模式示例

下面是基于 setter 的依赖注入示例。在代码中有一个 TransferServiceImpl 类,它的 set 方法有一个存储库类型参数。TransferServiceImpl.java 文件如下:

```
public class TransferServiceImpl implements TransferService {
    AccountRepository accountRepository;
    TransferRepository transferRepository;
    public void setAccountRepository(AccountRepository
                                    accountRepository) {
```

```
        this.accountRepository = accountRepository;
    }
    public void setTransferRepository(TransferRepository
                                      transferRepository) {
        this.transferRepository = transferRepository;
    }
    // ...
}
```

类似地,为存储库的实现定义一个 set 方法。JdbcAccountRepository.java 文件如下:

```
public class JdbcAccountRepository implements AccountRepository{
    JdbcTemplate jdbcTemplate;
    public setDataSource(DataSource dataSource) {
        this.jdbcTemplate = new JdbcTemplate(dataSource);
    }
    // ...
}
```

JdbcTransferRepository.java 文件如下:

```
public class JdbcTransferRepository implements TransferRepository{
    JdbcTemplate jdbcTemplate;
    public setDataSource(DataSource dataSource) {
        this.jdbcTemplate = new JdbcTemplate(dataSource);
    }
    // ...
}
```

在上述代码中可以看到存储库的 JDBC 实现,即 AccountRepository 和 TransferRepository。这些类有一个 set 方法,该方法带有一个参数,用于向 DataSource 类注入依赖项。

4. 构造方法注入与 setter 注入及其最佳实践

Spring 框架为这两种依赖注入模式提供了支持。构造方法注入模式和 setter 注入模式都在系统中进行依赖项组装。setter 注入和构造方法注入之间的选择取决于你的应用程序的需求和当前遇到的问题。下面来看看构造方法注入和 setter 注入之间的一些差异如下表所示,以及一些最佳实践来选择哪个应用程序适合当前开发。

构造方法注入	setter 注入
拥有构造方法的类接受参数；它有时非常紧凑，并且很清楚它创建了什么	对象是构造的，但不清楚其属性是否初始化
当依赖项是必需的时候，这是一个更好的选择	当依赖项不是必需的时候，这是合适的选择
允许隐藏不可变的对象属性，因为它没有这些对象属性的 set 方法。要确保对象的不可变特性，请使用构造方法注入模式而不是 setter 注入	不能保证对象的不变性
可能会在应用程序中创建循环依赖项	解决了应用程序中的循环依赖问题。在这种情况下，setter 注入是比构造函数更好的选择
不适合应用程序中的标量值依赖项	如果有简单的参数（如字符串和整数）作为依赖项，那么最好使用 setter 注入，因为每个 set 方法名称都明确值应该做什么

在下一节中，将学习如何配置注入器来寻找 Bean 并将其装配在一起，以及注入器如何管理 Bean。在这里，将使用 Spring 配置的依赖注入模式。

4.3 使用 Spring 配置依赖注入模式

在本节中，将介绍在应用程序中配置依赖项所需的过程。目前，主流的注入器是 GoogleGuice、Spring 和 Weld。在本章中，将使用 Spring 框架，因此，我们将在这里看到 Spring 配置的过程。

Spring 工作原理的高级视图如图 4.4 所示。

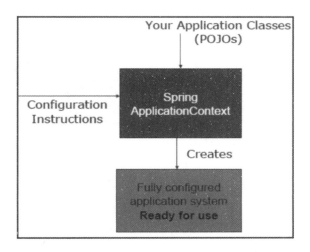

图 4.4 Spring 如何使用依赖注入模式

在图 4.4 中,配置指令是应用程序的元配置。在这里,我们在应用程序类(POJOs)中定义依赖项,并通过组合 POJOs 和配置指令来初始化 Spring 容器以解决依赖项,最后,我们拥有了一个完全配置且可执行的系统或应用程序。

如图 4.4 所示,Spring 容器在应用程序中创建 Bean,并通过 DI 模式根据对象之间的关系装配它们。Spring 容器基于我们提供给框架的配置创建 Bean,因此,我们有责任告诉 Spring 要创建哪些 Bean,以及如何将它们装配在一起。

Spring 在配置 Bean 的依赖方面非常灵活。配置应用程序的元数据的三种方式如下:

① 基于 Java 配置的依赖注入模式——使用 Java 显式配置。

② 基于注解配置的依赖注入模式——使用 Bean 发现和自动装配的隐式配置。

③ 基于 XML 配置的依赖注入模式——使用 XML 显式配置。

Spring 提供了三种装配 Bean 的方式,你必须选择其中的一个,然而没有一个方式是任何应用程序都适用的最佳选择。因此,这取决于你的应用程序,此外,还可以将这些方式混合使用到应用程序中。接下来将详细讨论基于 Java 配置的依赖注入模式。

4.4　基于 Java 配置的依赖注入模式

从 Spring 3 开始,它提供了一个基于 Java 配置来装配 Bean。查看下面示例中的 Java 配置类(AppConfig.java)定义了 Spring Bean 及其依赖项。基于 Java 配置的依赖注入是一个更好的选择,因为它更强大,而且类型更安全。

创建 Java 配置类——AppConfig.java

创建一个 AppConfig.java 配置类:

```
package com.packt.patterninspring.chapter4.bankapp.config;

import org.springframework.context.annotation.Configuration;

@Configuration
public class AppConfig {
//..
}
```

上面的 AppConfig 类用 @Configuration 进行了注解,这表示它是应用程序的配置类,包含了 Bean 定义的详细信息。此文件将由 Spring 的应用上下文加载，以便于应用程序创建 Bean。

接下来讨论如何在 AppConfig 类中声明 TransferService、AccountRepository 和 TransferRepositoryBean。

1. 将 Spring Bean 声明到配置类中

要在基于 Java 配置中声明 Bean，就必须在配置类中为所需的类型对象定义方法，并使用 @Bean 注解该方法。在 AppConfig 类中为声明 Bean 所做的更改如下：

```
package com.packt.patterninspring.chapter4.bankapp.config;
import org.springframework.context.annotation.Bean;
import org.springframework.context.annotation.Configuration;

@Configuration
public class AppConfig {
    @Bean
    public TransferService transferService(){
        return new TransferServiceImpl();
    }
    @Bean
    public AccountRepository accountRepository() {
        return new JdbcAccountRepository();
    }
    @Bean
    public TransferRepository transferRepository() {
        return new JdbcTransferRepository();
    }
}
```

在上文的配置文件中，定义了三个方法来创建 TransferService、AccountRepository 和 TransferRepository 的实例。这些方法使用 @Bean 进行了注解，以表明它们负责实例化、配置和初始化一个由 Spring IoC 容器管理的新对象。容器中的每个 Bean 都有唯一的 Bean ID。默认情况下，Bean 的 ID 与 @Bean 注解的方法名相同。在上文的示例中，Bean 将被命名为 transferService、accountRepository 和 transferRepository。也可以使用 @Bean 注解的 name 属性覆盖其默认行为，如下所示：

```
@Bean(name = "service")
```

```
public TransferService transferService(){
    return new TransferServiceImpl();
}
```

现在 service 是这个 TransferService 的 Bean 的名称。

接下来讨论如何为 AppConfig 分别注入 TransferService、AccountRepository 和 TransferRepository 依赖项。

2. 注入 Spring Beans

在上面的代码中,声明了 TransferService、AccountRepository 和 TransferRepository 的 Bean;这些 Bean 没有依赖关系。但实际上,TransferService Bean 依赖于 AccountRepository 和 TransferRepository。以下是在 AppConfig 类中为声明 Bean 所做的更改:

```
package com.packt.patterninspring.chapter4.bankapp.config;
import org.springframework.context.annotation.Bean;
import org.springframework.context.annotation.Configuration;

@Configuration
public class AppConfig {
    @Bean
    public TransferService transferService(){
        return new TransferServiceImpl(accountRepository(),
                transferRepository());
    }
    @Bean
    public AccountRepository accountRepository() {
        return new JdbcAccountRepository();
    }
    @Bean
    public TransferRepository transferRepository() {
        return new JdbcTransferRepository();
    }
}
```

在上面的示例中,基于 Java 配置的装配 Bean 的最简单方法是使用被引用 Bean 的方法。transferService() 方法通过接收带有 AccountRepository 和 TransferRepository 的参数构造方法来构建 TransferServiceImpl 类的实例。在这里，TransferServiceImpl 类的构造方法看起来像调用 accountRepository() 和 transferRepository() 方法来分别创建 AccountRepository 和 TransferRepository 的实例，但它并不是创建实例的实际调用。Spring 容器创建 AccountRepository 和 TransferRepository 的实例，因为 accountRepository() 和 transferRepository() 方法用 @Bean 进行了注解。事实上，Bean 方法对另一个 Bean 方法的任何调用都会被 Spring 截获，通过这种方式来确保该方法返回 Spring Bean 的默认 singleton 作用域（这将在第 5 章中进一步讨论，理解 Bean 生命周期和使用的模式），而不是允许再次调用它。

3. 基于 Java 配置的依赖注入的最佳方法

在前面的配置示例中，声明了 transferService() 方法，并使用带参数的构造方法来构建 Transfer-ServiceImpl 类的实例。这个 Bean 方法将 accountRepository() 和 transferRepository() 作为构造方法的参数来传递。但是，在企业级应用程序中，许多配置文件依赖于应用程序的分层架构。假设业务服务层和基础设施层都有自己的配置文件。这意味着 accountRepository() 和 transferRepository() 方法可能在不同的配置文件中，而 transferService() 方法可能在另一个配置文件中。那么，通过构造方法传递 Bean 方法就不是基于 Java 配置的依赖注入模式的好方法。配置依赖注入的另一种最佳方法如下：

```java
package com.packt.patterninspring.chapter4.bankapp.config;
import org.springframework.context.annotation.Bean;
import org.springframework.context.annotation.Configuration;

@Configuration
public class AppConfig {
    @Bean
    public TransferService transferService(AccountRepository accountRepository,
            TransferRepository transferRepository){
        return new TransferServiceImpl(accountRepository,
                transferRepository);
    }
    @Bean
    public AccountRepository accountRepository() {
        return new JdbcAccountRepository();
    }
    @Bean
```

```
        public TransferRepository transferRepository() {
            return new JdbcTransferRepository();
        }
    }
```

在上面的代码中,transferService() 方法要求 AccountRepository 和 TransferRepository 作为参数。当 Spring 调用 transferService() 创建 TransferServiceBean 时,它会自动将 AccountRepository 和 TransferRepository 装配到配置方法中。使用这种方式,transferService() 方法仍然可以将 AccountRepository 和 TransferRepository 注入 TransferServiceImpl 的构造方法,而无须显式引用声明了 @Bean 的 accountRepository() 和 transferRepository() 方法。

接下来讨论基于 XML 配置的依赖注入模式。

4.5　基于 XML 配置的依赖注入模式

Spring 从一开始就提供了基于 XML 配置的依赖注入模式。它是配置 Spring 应用程序的主要方式,每个开发人员都应该了解如何在 Spring 应用程序中使用 XML。

创建 XML 配置文件

在基于 Java 配置部分,创建了一个用 @Configuration 注解的 AppConfig 类。类似地,对于基于 XML 配置,现在将创建一个根为 <beans> 元素的 applicationContext.xml 文件。以下最简单的示例展示了基于 XML 配置元数据的基本结构。applicationContext.xml 文件如下:

```
<?xml version="1.0" encoding="UTF-8"?>
<beans xmlns="http://www.springframework.org/schema/beans"
        xmlns:xsi="http://www.w3.org/2001/XMLSchema-instance"
        xsi:schemaLocation="http://www.springframework.org/schema/beans
        http://www.springframework.org/schema/beans/spring-beans.xsd">
<!-- Configuration for bean definitions go here -->
</beans>
```

上文的 XML 文件是应用程序的配置文件,其中包含 Bean 定义的详细信息。此文件由 ApplicationContext 的 XML 风格实现进行加载并创建 Bean。接下来讨论如何在上文的 XML 文件中声明 TransferService、AccountRepository 和 TransferRepository 的 Bean。

1. 在 XML 文件中声明 Spring Bean

与 Java 一样,必须基于 XML 配置并通过使用 Spring-Beans schema 的 <bean> 元素声明一个类作为 Spring Bean。XML 的 <bean> 元素与 JavaConfig 的 @Bean 注解类似。以下配置将添加到基于 XML 的配置文件中:

```
<bean id="transferService"
class="com.packt.patterninspring.chapter4.
       bankapp.service.TransferServiceImpl"/>
<bean id="accountRepository"
class="com.packt.patterninspring.chapter4.
       bankapp.repository.jdbc.JdbcAccountRepository"/>
<bean id="transferService"
class="com.packt.patterninspring.chapter4.
       bankapp.repository.jdbc.JdbcTransferRepository"/>
```

在上文的代码中,创建了一个非常简单的 Bean 定义。在这个配置中,<bean> 元素有一个 id 属性来标识单个 Bean 的名称。class 属性表示为创建此 Bean 的全路径限定类名。id 属性的值引用组装对象。接下来讨论如何组装 Bean 来解决应用程序中的依赖关系。

2. 注入 Spring Beans

Spring 提供了以下两种方式来定义 DI 模式,以便在应用程序中使用依赖 Bean 注入依赖项:
● 使用构造方法注入
● 使用 setter 注入

3. 使用构造方法注入

对于带有构造方法注入的 DI 模式,Spring 提供了两个基本选项,即 Spring 3 中引入的 <constructor-arg> 元素和 c-namespace。c-namespace 在应用程序中更简洁明了,这是它们之间的唯一区别,即你可以选择其中任何一个。用构造方法注入来组装 Bean,代码如下:

```
<bean id="transferService"
class="com.packt.patterninspring.chapter4.
       bankapp.service.TransferServiceImpl">
<constructor-arg ref="accountRepository"/>
<constructor-arg ref="transferRepository"/>
</bean>
```

```
<bean id="accountRepository"
class="com.packt.patterninspring.chapter4.
        bankapp.repository.jdbc.JdbcAccountRepository"/>
<bean id="transferRepository"
class="com.packt.patterninspring.chapter4.
        bankapp.repository.jdbc.JdbcTransferRepository"/>
```

在上面的配置中，TransferService 的 <bean> 元素有两个 <constructor-arg> 元素。这表明将对其 id 为 accountRepository 和 transferRepository 的 Bean 的引用传递给 TransferServiceImpl 的构造方法。

从 Spring 3 开始，c-namespace 提供了一种更简洁的方式来表示构造方法参数。要使用此命名空间，必须在 XML 文件中添加其 schema，代码如下：

```
<?xml version="1.0" encoding="UTF-8"?>
<beans xmlns="http://www.springframework.org/schema/beans"
        xmlns:xsi="http://www.w3.org/2001/XMLSchema-instance"
        xmlns:c="http://www.springframework.org/schema/c"
        xsi:schemaLocation="http://www.springframework.org/schema/beans
        http://www.springframework.org/schema/beans/spring-beans.xsd">
<bean id="transferService"
class="com.packt.patterninspring.chapter4.
        bankapp.service.TransferServiceImpl"
        c:accountRepository-ref="accountRepository" c:transferRepository-
        ref="transferRepository"/>
<bean id="accountRepository"
class="com.packt.patterninspring.chapter4.
        bankapp.repository.jdbc.JdbcAccountRepository"/>
<bean id="transferRepository"
class="com.packt.patterninspring.chapter4.
        bankapp.repository.jdbc.JdbcTransferRepository"/>
<!-- more bean definitions go here -->
</beans>
```

接下来讨论如何使用 setter 注入配置这些依赖项。

4. 使用 setter 注入

使用 setter 注入,Spring 也提供了两个基本选项,即 Spring 3 中引入的 <property> 元素和 p-namespace。p-namespace 在应用程序中更简洁明了,这是它们之间的唯一区别,对此,你可以选择其中任何一种方式。用 setter 注入来组装 Bean,代码如下:

```
<bean id="transferService"
class="com.packt.patterninspring.chapter4.
        bankapp.service.TransferServiceImpl">
<property name="accountRepository"  ref="accountRepository"/>
<property name="transferRepository" ref="transferRepository"/>
</bean>
<bean id="accountRepository"
class="com.packt.patterninspring.chapter4.
        bankapp.repository.jdbc.JdbcAccountRepository"/>
<bean id="transferRepository"
class="com.packt.patterninspring.chapter4.
        bankapp.repository.jdbc.JdbcTransferRepository"/>
```

在上文的配置中,TransferService 的 <bean> 元素有两个 <property> 元素,这表明它将对 id 为 accountRepository 和 transferRepository 的 Bean 的引用传递给 TransferServiceImpl 的 set 方法,代码如下:

```
package com.packt.patterninspring.chapter4.bankapp.service;
import com.packt.patterninspring.chapter4.bankapp.model.Account;
import com.packt.patterninspring.chapter4.bankapp.model.Amount;
import com.packt.patterninspring.chapter4.bankapp.repository.AccountRepository;
import com.packt.patterninspring.chapter4.bankapp.repository.TransferRepository;

public class TransferServiceImpl implements TransferService {
    AccountRepository accountRepository;
    TransferRepository transferRepository;
    public void setAccountRepository(AccountRepository accountRepository){
        this.accountRepository = accountRepository;
    }
    public void setTransferRepository(TransferRepository transferRepository){
```

```
        this.transferRepository = transferRepository;
    }
    @Override
    public void transferAmmount(Long a, Long b, Amount amount) {
        Account accountA = accountRepository.findByAccountId(a);
        Account accountB = accountRepository.findByAccountId(b);
        transferRepository.transfer(accountA, accountB, amount);
    }
}
```

在上文的文件中，如果使用这个没有 set 方法的 Spring Bean，那么属性 accountRepository 和 transferRepository 将被初始化为 null，则不会注入依赖项。

从 Spring 3 开始，p-namespace 提供了一种更简洁的方式来表示属性的方法。要使用此命名空间，必须在 XML 文件中添加其 schema，代码如下：

```xml
<?xml version="1.0" encoding="UTF-8"?>
<beans xmlns="http://www.springframework.org/schema/beans"
        xmlns:xsi="http://www.w3.org/2001/XMLSchema-instance"
        xmlns:p="http://www.springframework.org/schema/p"
        xsi:schemaLocation="http://www.springframework.org/schema/beans
        http://www.springframework.org/schema/beans/spring-beans.xsd">
<bean id="transferService"
class="com.packt.patterninspring.chapter4.bankapp.
        service.TransferServiceImpl"
        p:accountRepository-ref="accountRepository" p:transferRepository-
        ref="transferRepository"/>
<bean id="accountRepository"
class="com.packt.patterninspring.chapter4.
        bankapp.repository.jdbc.JdbcAccountRepository"/>
<bean id="transferRepository"
class="com.packt.patterninspring.chapter4.
        bankapp.repository.jdbc.JdbcTransferRepository"/>
<!-- more bean definitions go here -->
</beans>
```

接下来讨论基于注解配置的依赖注入模式。

4.6　基于注解配置的依赖注入模式

如前两节所述,我们使用基于 Java 配置的依赖注入模式和基于 XML 配置的依赖注入模式,这两种方式显式地定义了依赖关系。它使用 Java 文件 AppConfig 中的 @Bean 注解方法或 XML 配置文件中的 <bean> 元素标记创建 Spring Bean。除了这些方式外,我们还可以为那些位于应用程序之外的类(即存在于第三方库中的类)创建 Bean。接下来讨论另一种创建 Spring Bean 的方式,并通过构造型(Stereotype)注解使用隐式配置来定义它们之间的依赖关系。

4.6.1　什么是构造型注解

Spring 框架为我们提供了一些特殊的注解。这些注解用于在应用上下文中自动创建 Spring-Bean。主要的构造型注解是 @Component。通过使用这个注解,Spring 提供了更多的构造型元注解,如 @Service 用于在服务层创建 Spring Bean,@Repository 用于为 DAO 层的存储库创建 Spring Bean,以及 @Controller 用于在控制器层创建 Spring Bean,如图 4.5 所示。

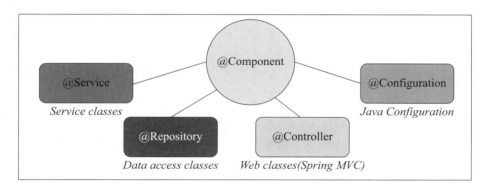

图 4.5　构造型元注解

通过使用这些注解,Spring 通过以下两种方式自动装配:
- 组件扫描:在这里,Spring 自动搜索要在 Spring IoC 容器中创建的 Bean。
- 自动装配:在这里,Spring 自动搜索 Spring IoC 容器中的 Bean 相关依赖项。

DI 模式配置隐式地减少应用程序的冗长,并最小化了显式配置。让我们使用前面讨论的示例再来演示组件扫描和自动装配。在这里,Spring 将通过组件扫描发现 TransferService、TransferRepository 和 AccountRepository 来创建 Bean,并根据其定义的依赖项进行自动装配。

1. 使用构造型（Stereotype）注解创建自动搜索 Bean

下面的 TransferService 接口，它的实现用 @Component 注解。请参考以下代码：

```
package com.packt.patterninspring.chapter4.bankapp.service;
public interface TransferService {
    void transferAmmount(Long a, Long b, Amount amount);
}
```

前面的接口对于这种配置方法并不重要，只是将其用于应用程序中来实现松耦合。其实现代码如下：

```
package com.packt.patterninspring.chapter1.bankapp.service;
import org.springframework.stereotype.Component;
@Component
public class TransferServiceImpl implements TransferService {
    @Override
    public void transferAmmount(Long a, Long b, Amount amount) {
        //business code here
    }
}
```

从上述代码中可以看到 TransferServiceImpl 是用 @Component 注解的。这个注解用于将该类标识为组件类，这意味着它将被扫描并创建该类的 Bean。现在，不需要使用 XML 或 Java 配置将这个类显式地配置为 Bean——Spring 现在负责创建 TransferServiceImpl 类的 Bean，因为它是用 @Component 注解的。

如上所述，Spring 为 @Component 提供了元注解，如 @Service、@Repository 和 @Controller。这些注解基于应用程序的不同分层分别具有不同的特定职责。这里，TransferService 类归属于服务层；作为 Spring 配置的最佳实践，就必须用特定的注解 @Service 而不是使用通用注解 @Component 来创建这个类的 Bean。用 @Service 注解的同一个类的代码如下：

```
package com.packt.patterninspring.chapter1.bankapp.service;
import org.springframework.stereotype.Service;
@Service
public class TransferServiceImpl implements TransferService {
    @Override
    public void transferAmmount(Long a, Long b, Amount amount) {
        //business code here
```

```
        }
    }
```

在应用程序中的其他类是 AccountRepository 的实现类——TransferRepository 接口是在应用程序的 DAO 层工作的存储库。作为最佳实践，这些类应该使用 @Repository 注解，而不是使用 @Component 注解，如下所示。

JdbcAccountRepository.java 实现了 AccountRepository 接口：

```
package com.packt.patterninspring.chapter4.bankapp.repository.jdbc;
import org.springframework.stereotype.Repository;
import com.packt.patterninspring.chapter4.bankapp.model.Account;
import com.packt.patterninspring.chapter4.bankapp.model.Amount;
import com.packt.patterninspring.chapter4.bankapp.repository.
        AccountRepository;
@Repository
public class JdbcAccountRepository implements AccountRepository {
    @Override
    public Account findByAccountId(Long accountId) {
        return new Account(accountId, "Arnav Rajput", new
                Amount(3000.0));
    }
}
```

JdbcTransferRepository.java 实现了 TransferRepository 接口：

```
package com.packt.patterninspring.chapter4.bankapp.repository.jdbc;
import org.springframework.stereotype.Repository;
import com.packt.patterninspring.chapter4.bankapp.model.Account;
import com.packt.patterninspring.chapter4.bankapp.model.Amount;
import com.packt.patterninspring.chapter4.bankapp.repository.
        TransferRepository;
@Repository
public class JdbcTransferRepository implements TransferRepository {
    @Override
    public void transfer(Account accountA, Account accountB, Amount amount) {
        System.out.println("Transfering amount from account A to B via
                JDBC implementation");
```

```
        }
    }
```

在 Spring 中,必须在应用程序中启用组件扫描,因为它在默认情况下未启用。我们必须创建一个 Java 的配置文件,并用 @Configuration 和 @ComponentScan 对其进行注解。这个类用于搜索使用了 @Component 注解的类,并对其创建相关的 Bean。

接下来讨论 Spring 如何扫描使用构造型(Stereotype)注解的类。

2. 使用组件扫描搜索 Bean

在 Spring 应用程序中使用组件扫描搜索 Bean 需要加入以下最低配置:

```
package com.packt.patterninspring.chapter4.bankapp.config;
import org.springframework.context.annotation.ComponentScan;
import org.springframework.context.annotation.Configuration;
@Configuration
@ComponentScan
public class AppConfig {
}
```

AppConfig 类定义了一个 Spring 配置类,与前一节中基于 Java 配置相同。需要注意的是,AppConfig 文件还有一个 @ComponentScan 注解,与之前一样,它只有 @Configuration 注解。配置文件 AppConfig 用 @ComponentScan 注解,以便在 Spring 中启用组件扫描。默认情况下,@ComponentScan 注解扫描与 AppConfig 配置类在同一个包中且使用 @Component 注解的类。由于 AppConfig 类位于 com.packt.patterninspring.chapter4.bankapp.config 包中,因此 Spring 将只扫描此包及其子包。但是,我们的组件应用程序类位于 com.packt.patterninspring.chapter1.bankapp.service 和 com.packt.patterninspring.chapter4.bankapp.repository.jdbc 包中,它们不是 com.packt.patterninspring.chapter4.bankapp.config 的子包。在这种情况下,Spring 允许通过自定义配置来覆盖 @ComponentScan 注解的默认包扫描配置。让我们指定一个不同的基础包路径,你只需要在 @ComponentScan 的 value 属性中指定包,代码如下:

```
@Configuration
@ComponentScan("com.packt.patterninspring.chapter4.bankapp")
public class AppConfig {
}
```

或者使用 basePackages 属性定义基础包路径,代码如下:

```
@Configuration
```

```
@ComponentScan(basePackages="com.packt.patterninspring.chapter4.bankapp")
        public class AppConfig {

}
```

在 @ComponentScan 注解中，basePackages 属性可以接受字符串数组，这意味着可以定义多个基础包路径来扫描应用程序中的组件类。在前面的配置文件中，Spring 将扫描 com.packt.patterninspring.chapter4.bankapp 包的所有类，以及该包下的所有子包。作为最佳实践，总是定义组件类存在的特定基础包路径。例如，在下面的代码中，为服务组件和存储库组件定义了基础包路径：

```
package com.packt.patterninspring.chapter4.bankapp.config;
import org.springframework.context.annotation.ComponentScan;
import org.springframework.context.annotation.Configuration;
@Configuration
@ComponentScan(basePackages=
        {"com.packt.patterninspring.chapter4.bankapp.repository.jdbc",
         "com.packt.patterninspring.chapter4.bankapp.service"})
public class AppConfig {

}
```

现在 Spring 只扫描 com.packt.patterninspring.chapter4.bankapp.repository.jdbc 和 com.packt.patterninspring.chapter4.bankapp.service 包及其子包（如果存在）。而不是像前面的示例中采取大范围扫描。

Spring 允许通过类或接口指定包扫描行为，而不是将包指定为 @ComponentScan 的 basePackages 属性的简单字符串值，代码如下：

```
package com.packt.patterninspring.chapter4.bankapp.config;
import org.springframework.context.annotation.ComponentScan;
import org.springframework.context.annotation.Configuration;
import com.packt.patterninspring.chapter4.bankapp.repository.AccountRepository;
import com.packt.patterninspring.chapter4.bankapp.service.TransferService;
@Configuration
@ComponentScan(basePackageClasses=
        {TransferService.class,AccountRepository.class})
public class AppConfig {

}
```

正如从上述代码中所看到的,basePackages 属性已被 basePackageClasses 替换。现在,Spring 将识别这些包中的组件类,其中 basePackageClasses 将用作组件扫描的基础包路径。

它能找到 TransferServiceImpl、JdbcAccountRepository 和 JdbcTransferRepository 类,并在 Spring 容器中自动为这些类创建 Bean。显然,不需要为这些类定义 Bean 方法来创建 Spring Bean。让我们通过 XML 配置开启组件扫描,然后再使用 Spring 上下文命名空间中的 <context:component-scan> 元素。下面是启用组件扫描的最小化的 XML 配置:

```xml
<?xml version="1.0" encoding="UTF-8"?>
<beans xmlns="http://www.springframework.org/schema/beans"
        xmlns:xsi="http://www.w3.org/2001/XMLSchema-instance"
        xmlns:context="http://www.springframework.org/schema/context"
        xsi:schemaLocation="http://www.springframework.org/schema/beans
        http://www.springframework.org/schema/beans/spring-beans.xsd
        http://www.springframework.org/schema/context
        http://www.springframework.org/schema/context/spring-context.xsd">
<context:component-scan base-package="com.packt.patterninspring.
chapter4.bankapp" />
</beans>
```

在上述 XML 文件中,<context:component-scan> 元素与基于 Java 配置的组件扫描中的 @ComponentScan 注解相同。

3. 用于自动装配的注解 Bean

Spring 支持 Bean 的自动装配。这意味着 Spring 通过在应用上下文中找到其他协作 Bean,并自动解析依赖 Bean 所需的依赖项。Bean 自动装配是 DI 模式配置的另一种方式。它减少了应用程序中的冗长,但是,配置分布在整个应用程序中。Spring 的 @Autowired 注解用于 Bean 自动装配。这个 @Autowired 注解表示应该对此 Bean 执行自动装配。

在我们的示例中,有 TransferService,它依赖于 AccountRepository 和 TransferRepository。它的构造方法用 @Autowired 注解,表示当 Spring 创建 TransferService Bean 时,它应该使用它注解的构造方法实例化该 Bean,并传入另外两个 Bean:AccountRepository 和 TransferRepository,这两个 Bean 是 TransferService Bean 的依赖项。代码如下:

```java
package com.packt.patterninspring.chapter4.bankapp.service;
import org.springframework.beans.factory.annotation.Autowired;
import org.springframework.stereotype.Service;
import com.packt.patterninspring.chapter4.bankapp.model.Account;
```

```
import com.packt.patterninspring.chapter4.bankapp.model.Amount;
import com.packt.patterninspring.chapter4.bankapp.repository.
        AccountRepository;
import com.packt.patterninspring.chapter4.bankapp.repository.
        TransferRepository;
@Service
public class TransferServiceImpl implements TransferService {
    AccountRepository accountRepository;
    TransferRepository transferRepository;

    @Autowired
    public TransferServiceImpl(AccountRepository accountRepository,
                            TransferRepository transferRepository){
        super();
        this.accountRepository = accountRepository;
        this.transferRepository = transferRepository;
    }

    @Override
    public void transferAmmount(Long a, Long b, Amount amount) {
        Account accountA = accountRepository.findByAccountId(a);
        Account accountB = accountRepository.findByAccountId(b);
        transferRepository.transfer(accountA, accountB, amount);
    }
}
```

　　注意： 从 Spring 4.3 开始，如果在类中只定义一个带参数的构造方法，就不再需要 @Autowired 注解了。如果类有多个参数的构造方法，则必须对其中任何一个使用 @Autowired 注解。

　　@Autowired 注解不限于构造方法；它可以与 set 方法一起使用，也可以直接在字段中使用，即直接在 autowired 类属性中使用。下面是 set 方法和字段注入的代码。

4. 使用 @Autowired 注解 set 方法

　　在这里，可以用 @Autowired 注解 set 方法的 setAccountRepository 和 setTransferRepository。这个注解可用于修饰任何方法。因此，没有特定的理由将其仅用于 set 方法。请参考以下代码：

```
public class TransferServiceImpl implements TransferService {
    //...
    @Autowired
    public void setAccountRepository(AccountRepository
                                    accountRepository) {
        this.accountRepository = accountRepository;
    }
    @Autowired
    public void setTransferRepository(TransferRepository
                                    transferRepository) {
        this.transferRepository = transferRepository;
    }
    //...
}
```

5. 使用 @Autowired 注解字段

在这里,可以用 @Autowired 注解类属性,这些属性是实现业务目标所必需的,代码如下:

```
public class TransferServiceImpl implements TransferService {
    @Autowired
    AccountRepository accountRepository;
    @Autowired
    TransferRepository transferRepository;
    //...
}
```

在上述代码中,@Autowired 注解按类型 (type) 解析依赖关系,而如果属性名与 Spring 容器中的 Bean 名称相同,则按名称解析依赖关系。默认情况下,@Autowired 依赖项是一个必需的依赖项——如果依赖项没有被解析,它会引发一个异常,无论使用构造方法还是使用 setter 方法。我们可以重写 @Autowired 注解的必需行为。这里,使用布尔值 false 设置此属性,代码如下:

```
@Autowired(required = false)
public void setAccountRepository(AccountRepository
    accountRepository) {
```

```
        this.accountRepository = accountRepository;
    }
```

在上述代码中，使用布尔值 false 设置了必需的属性。在这种情况下，Spring 将尝试执行自动装配，但是如果没有匹配的 Bean，它将使 Bean 处于未装配状态。但是，作为代码的最佳实践，在绝对必要之前，应该避免将其值设置为 false。

4.6.2 自动装配的 DI 模式与歧义

@Autowired 注解减少了代码中的冗长，但是当 Spring 容器中存在两种相同类型的 Bean 时，可能会产生一些问题。让我们看看下面的示例如果在这种情况下会发生什么：

```
@Service
public class TransferServiceImpl implements TransferService {
    @Autowired
    public TransferServiceImpl(AccountRepository accountRepository){
        ... }
}
```

在上述代码片段中，TransferServiceImpl 类与 AccountRepository 类型的 Bean 有依赖关系，但 Spring 容器包含两个相同类型的 Bean，代码如下：

```
@Repository
public class JdbcAccountRepository implements AccountRepository{..}
@Repository
public class JpaAccountRepository implements AccountRepository {..}
```

从上述代码可以看出，AccountRepository 接口有两个实现：一个是 JdbcAccountRepository，另一个是 JpaAccountRepository。在这种情况下，Spring 容器将在应用程序启动时抛出以下异常：

```
At startup: NoSuchBeanDefinitionException, no unique bean of type
        [AccountRepository] is defined: expected single bean but found 2...
```

1. 解决自动装配的 DI 模式中的歧义

Spring 提供了另一个注解 @Qualifier 来解决自动装配 DI 模式中的歧义问题。带有 @Qualifier 注解的代码片段如下：

```
@Service
public class TransferServiceImpl implements TransferService {
    @Autowired
    public TransferServiceImpl(@Qualifier("jdbcAccountRepository")
                    AccountRepository accountRepository) { ... }
```

现在，已经使用 @Qualifier 注解按名称而不是按类型装配了依赖项。因此，Spring 将使用名称为 jdbcAccountRepository 的 Bean 依赖项来搜索 TransferServiceImpl 类。这些 Bean 命名如下：

```
@Repository("jdbcAccountRepository")
public class JdbcAccountRepository implements AccountRepository{..}

@Repository("jpaAccountRepository")
public class JpaAccountRepository implements AccountRepository {..}
```

@Qualifier 也可用于方法注入和字段注入，除非同一接口有两个实现，否则限定符不必显示指定。

接下来讨论一些使用 DI 模式配置 Spring 应用程序的最佳实践。

2. 用抽象工厂模式解决依赖关系

如果想为 Bean 添加"if...else"条件配置，可以这样做；如果使用 Java 配置，还可以添加一些自定义逻辑。但是，在 XML 配置的情况下，不可能添加"if...then...else"条件。Spring 通过使用抽象工厂模式为 XML 配置中的条件提供了解决方案。使用工厂创建所需的 Bean，并在工厂的内部逻辑中实现所需的复杂的 Java 代码。

3. 在 Spring 中实现抽象工厂模式（FactoryBean 接口）

Spring 框架提供 FactoryBean 接口作为抽象工厂模式的实现。FactoryBean 是将感兴趣的对象构造逻辑封装到类中的模式。FactoryBean 接口提供了一种定制 Spring IoC 容器实例化逻辑的方式。我们可以为本身就是工厂的对象实现此接口。实现 FactoryBean 的 Bean 是自动检测的。此接口的定义如下：

```
public interface FactoryBean<T> {
    T getObject() throws Exception;
    Class<T> getObjectType();
    boolean isSingleton();
}
```

根据该接口在上文中的描述,使用 FactoryBean 的依赖项注入会导致 getObject() 被透明地调用。isSingleton() 方法为返回 true 来识别单例对象,否则返回 false。getObjectType() 方法返回对象 getObject() 方法返回对象类型。

4. FactoryBean 接口在 Spring 中的实现

FactoryBean 在 Spring 中被广泛使用,如下所示:

- EmbeddedDatabaseFactoryBean
- JndiObjectFactoryBean
- LocalContainerEntityManagerFactoryBean
- DateTimeFormatterFactoryBean
- ProxyFactoryBean
- TransactionProxyFactoryBean
- MethodInvokingFactoryBean

5. FactoryBean 接口的示例实现

假设有一个 TransferService 类,其定义如下:

```
package com.packt.patterninspring.chapter4.bankapp.service;
import com.packt.patterninspring.chapter4.bankapp.repository.IAccountRepository;
public class TransferService {
    IAccountRepository accountRepository;
    public TransferService(IAccountRepository accountRepository){
        this.accountRepository = accountRepository;
    }
    public void transfer(String accountA, String accountB, Double amount){
        System.out.println("Amount has been tranferred");
    }
}
```

有一个 AccountRepositoryFactoryBean 类,其定义如下:

```
package com.packt.patterninspring.chapter4.bankapp.repository;
import org.springframework.beans.factory.FactoryBean;
public class AccountRepositoryFactoryBean implements
        FactoryBean<IAccountRepository> {
```

```java
    @Override
    public IAccountRepository getObject() throws Exception {
        return new AccountRepository();
    }
    @Override
    public Class<?> getObjectType() {
        return IAccountRepository.class;
    }
    @Override
    public boolean isSingleton() {
        return false;
    }
}
```

可以使用假设 AccountRepositoryFactoryBean 装配 AccountRepository 实例，代码如下：

```xml
<?xml version="1.0" encoding="UTF-8"?>
<beans xmlns="http://www.springframework.org/schema/beans"
       xmlns:xsi="http://www.w3.org/2001/XMLSchema-instance"
       xmlns:c="http://www.springframework.org/schema/c"
       xsi:schemaLocation="http://www.springframework.org/schema/beans
       http://www.springframework.org/schema/beans/spring-beans.xsd">
<bean id="transferService" class="com.packt.patterninspring.
    chapter4.bankapp.service.TransferService">
<constructor-arg ref="accountRepository"/>
</bean>
<bean id="accountRepository"
class="com.packt.patterninspring.chapter4.
    bankapp.repository.AccountRepositoryFactoryBean"/>
</beans>
```

在上述示例中，TransferService 类依赖于 AccountRepository Bean，但是在 XML 文件中，将 AccountRepositoryFactoryBean 定义为 accountRepository Bean。AccountRepositoryFactoryBean 类实现了 Spring 的 FactoryBean 接口，其将传递 FactoryBean 的 getObject 方法的结果，而不是实际的 FactoryBean。Spring 注入 FactoryBean 的 getObjectType() 方法返回的对象和 FactoryBean 的

getObjectType() 返回的对象类型；这个 Bean 的范围由 FactoryBean 的 isSingleton() 方法决定。以下是 Java 配置中 FactoryBean 接口的相同配置：

```
package com.packt.patterninspring.chapter4.bankapp.config;
import org.springframework.context.annotation.Bean;
import org.springframework.context.annotation.Configuration;
import com.packt.patterninspring.chapter4.bankapp.repository.
        AccountRepositoryFactoryBean;
import com.packt.patterninspring.chapter4.bankapp.service.TransferService;
@Configuration
public class AppConfig {
    public TransferService transferService() throws Exception{
        return new TransferService(accountRepository().getObject());
    }
    @Bean
    public AccountRepositoryFactoryBean accountRepository(){
        return new AccountRepositoryFactoryBean();
    }
}
```

与 Spring 容器中的其他普通 Bean 一样，Spring 的 FactoryBean 具有任何其他 Spring Bean 的所有特性，包括所有 Spring 容器中的 Bean 所享受的生命周期的 hook 和服务。

4.7 配置 DI 模式的最佳实践

以下是配置 DI 模式的最佳实践：

● 配置文件应明确分类，应用程序 Bean 应该与基础设施 Bean 分开。目前，这有点难以理解，配置文件的内容如图 4.6 所示。
● 始终显示地指定组件名称；从不依赖 Spring 容器自动生成的名称。
● 最好的做法是给出一个命名，同时描述模式的作用、应用于何处及解决的问题。

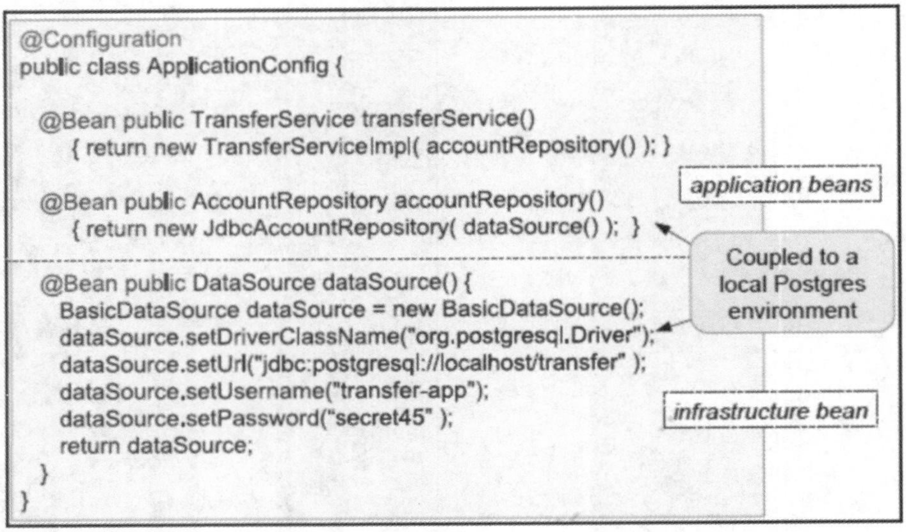

```
@Configuration
public class ApplicationConfig {

    @Bean public TransferService transferService()
        { return new TransferServiceImpl( accountRepository() ); }

    @Bean public AccountRepository accountRepository()
        { return new JdbcAccountRepository( dataSource() ); }

    @Bean public DataSource dataSource() {
        BasicDataSource dataSource = new BasicDataSource();
        dataSource.setDriverClassName("org.postgresql.Driver");
        dataSource.setUrl("jdbc:postgresql://localhost/transfer" );
        dataSource.setUsername("transfer-app");
        dataSource.setPassword("secret45" );
        return dataSource;
    }
}
```

application beans

Coupled to a local Postgres environment

infrastructure bean

图 4.6   配置文件

组件扫描的最佳实践如下：

- 组件在启动时被扫描，并且同时扫描 JAR 依赖项。
- 坏习惯：它扫描 com 和 org 的所有包，增加了应用程序的启动时间。应该尽量避免此类组件扫描：

```
@ComponenttScan(({{"org","com"}}))
```

- 优化：它只扫描我们定义的特定包。

```
@ComponentScan({
        "com.packt.patterninspring.chapter4.bankapp.repository
        "com.packt.patterninspring.chapter4.bankapp.service"}
)
```

选择隐式配置的最佳实践：

- 为频繁更改的 Bean 选择基于注解配置
- 它允许非常快速的开发
- 它在单一位置进行编辑配置

选择通过显式 Java 配置的最佳实践：

- 集中配置在一个地方
- 编译器强制的强类型检查
- 可用于所有类

Spring XML 最佳实践 XML 已经存在很长一段时间了,在 XML 配置中有很多快捷方式和有用的技术,如下所示:

- factory–method 和 factory–Bean 属性
- bean 定义继承自内部 bean
- p 和 c 命名空间
- 将集合用作 Spring Bean

4.8 小 结

学习本章后,应该对 DI 设计模式有一个很好的了解,以及应用这些模式的最佳实践。Spring 处理了流程部分,因此可以通过使用依赖注入模式来集中精力解决领域问题。DI 模式帮助我们从解决对象的依赖关系的负担中解放出来。对此,对象得到了它需要工作的一切。DI 模式简化了代码,提高了代码的可重用性和可测试性。它促进了接口编程,并隐藏依赖关系的实现细节。DI 模式允许集中控制对象的生命周期。你可以通过两种方式配置 DI——显式配置和隐式配置。显式配置可以通过基于 XML 或 Java 配置;它提供集中配置。然而,隐式配置是基于注解的。Spring 为基于注解配置提供构造型(Stereotype)注解。这种配置减少了应用程序中代码的冗长,但它分布在应用程序文件中。

第 5 章　理解 Bean 的生命周期和使用模式

在第 4 章中了解了 Spring 如何在容器中创建 Bean，还学习了如何使用 XML、Java 和 Annotation 配置依赖注入模式。本章除了在 Spring 应用程序中注入 Bean 和配置依赖项外，还将探索在 Spring 容器中 Bean 的生命周期和作用域，了解使用 XML、Annotation 和 Java 定义的 Bean 如何在 Spring 容器中工作。Spring 不仅允许控制用于 DI 模式和依赖值的各种配置，而这些依赖值将会被注入由特定 Bean 定义创建的对象，还允许控制由特定 Bean 定义创建的对象的生命周期和作用域。

当我写这一章时，我两岁半的儿子阿纳夫来找我，用我的手机玩电子游戏，他穿着一件 T 恤，T 恤上面有一些有趣的话来描述他一整天的生活，上面写着：起床、玩电子游戏、吃饭、玩电子游戏、吃饭、玩电子游戏、睡觉。

这些话完美地反映了他每天的生活，因为他每天早上醒来就是玩、吃，然后再玩，最后困了就去睡觉了。通过这件事我只是想说明，任何事物都是有生命周期的，我们可以讨论蝴蝶、恒星、青蛙或者植物的生命周期，不过还是谈谈更有趣的事情吧——Bean 的生命周期。

Spring 容器中的每个 Bean 都有生命周期和作用域。Spring 容器来管理 Spring 应用中 Bean 的生命周期，我们可以使用 Spring-aware 接口在生命周期的某个阶段进行定制。本章将讨论容器中 Bean 的生命周期，以及在其生命周期的各个阶段如何使用设计模式来管理它。

在本章结束时，你将对 Bean 的生命周期以及它在容器中的各个阶段有一个大致的了解，而且还可以了解很多种类型的 Bean 的作用域。本章将覆盖以下几点：

- SpringBean 生命周期及阶段如下：

    初始化阶段

    使用阶段

    销毁阶段

- Spring 回调

- 了解 Spring 作用域

- 单例模式

- 原型模式

- 自定义作用域模式

● 其他 Bean 作用域模式

现在让我们花一些时间来看一下，Spring 是如何在应用程序中管理 Bean 从创建到销毁的生命周期的。

5.1 Spring 生命周期及其阶段

在 Spring 应用程序中，术语"生命周期"适用于任何类别的应用程序——Java 应用、Springboot 应用以及集成或系统测试。此外生命周期适用所有的三种依赖注入类型：XML、注解和 Java 配置，你可以根据具体业务场景来定义不同的 Bean 的配置。但是这些 Bean 是由 Spring 来负责创建和管理其生命周期的。Spring 通过 ApplicationContext 以 Java 或者 XML 的方式加载 Bean 的配置，加载完这些 Bean 后，Spring 容器根据你的配置来处理这些 Bean 的创建和实例化，Spring 应用的生命周期可分成三个阶段，如图 5.1 所示。

● 初始化阶段
● 使用阶段
● 销毁阶段

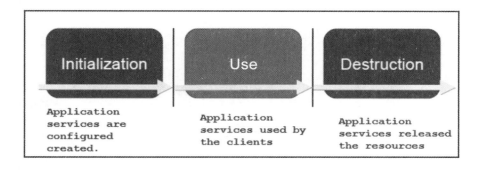

图 5.1　Spring 应用的生命周期

正如图 5.1 所示，每个 Spring Bean 在整个生命周期中都经历了这三个阶段，并且在每个阶段都要执行一些操作（取决于配置）。Spring 非常适合管理应用程序的生命周期，它在这三个阶段都发挥着重要的作用。

5.1.1　初始化阶段

在这个阶段，Spring 首先要加载所有的配置文件，包括 XML、注解和 Java 配置。在这个阶段是准备使用 Bean 的阶段,在这个阶段完成之前应用程序是不可用的。实际上这个阶段是创建应用程序服务以供使用的,并且 Spring 将系统资源分配给 Bean。Spring 提供了 ApplicationContext 类来加载 Bean 的配置,一旦应用上下文被创建,初始化阶段也就完成了。下面是 Spring 通过 Java 或者 XML 加载配置文件。

1. 从配置来创建应用上下文

Spring 提供了多种 ApplicationContext 的实现,用来加载各种类型的配置文件。

对于 Java 配置的,可以这样使用:

```
ApplicationContext context=new
          AnnotationConfigApplicationContext(AppConfig.class);
```

对于 XML 配置,实现方式如下:

```
ApplicationContext context = new
        ClassPathXmlApplicationContext("applicationContext.xml");
```

在上述代码中,Spring 加载 Java 配置文件使用的是 AnnotationConfigApplicationContext 类,以及加载 XML 配置文件使用的是 ClassPathXmlApplicationContext 类,这两个类都是 Spring 容器类。对于两种类型的配置方式,在应用程序中使用哪种其实并不重要。初始化阶段如图 5.2 所示。

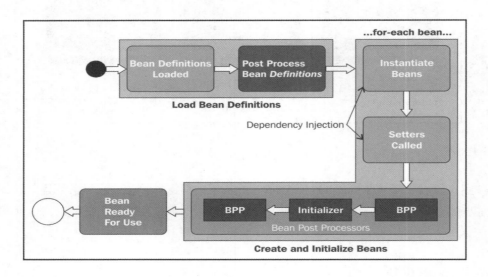

图 5.2　初始化阶段

从图 5.2 中可以看到,这个初始化阶段分为两步:

- 加载 Bean 定义。
- 初始化 Bean 实例。

2. 加载 Bean 定义

在这个步骤中,将处理所有配置文件:@Configuration 类和 XML 定义文件。对于基于注解的配置,Spring 将扫描所有使用了 @Component 注解的类,然后进行 Bean 定义的加载。而对于基于 XML 的配置来说,所有 XML 文件被解析完后,将 Bean 的定义添加到 BeanFactory 类中。每个 Bean 都在其 ID 下被建立了索引。Spring 提供了多种 BeanFactoryPostProcessor,用它来解决运行时所依赖的操作,例如从外部属性文件读取值。在 Spring 应用中,BeanFactoryPostProcessor 可以修改任意 Bean 的定义,过程如图 5.3 所示。

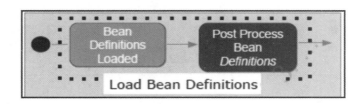

图 5.3　过程图

如图 5.3 所示,Spring 首先加载 Bean 的定义,然后再调用 BeanFactoryProcessor 修改某些 Bean 的定义。下面是两个配置文件 AppConfig.java 和 InfraConfig.java 的示例。

AppConfig.java 文件的内容如下:

```
@Configuration
public class AppConfig {
    @Bean
    public TransferService transferService(){ ... }
    @Bean
    public AccountRepository accountRepository(DataSource
    dataSource){ ... }
}
```

InfraConfig.java 文件的内容如下:

```
@Configuration
public class InfraConfig {
@Bean
```

```
public DataSource dataSource () { ... }
}
```

这些 Java 配置信息被加载到了 ApplicationContext 容器中，并用 id 作为索引，如图 5.4 所示。

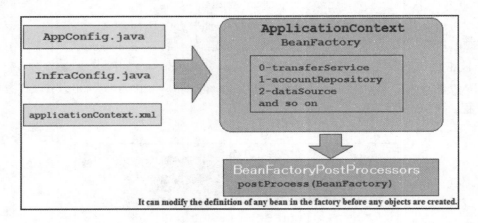

图 5.4　信息加载

从图 5.4 中可看到，Spring Bean 根据其属性 id 被索引到了 BeanFactory 中，然后 BeanFactory 对象被当作参数传递给 BeanFactoryPostProcessor 的 postProcess() 方法中。BeanFactoryPostProcessor 能够修改某些 Bean 的定义，这取决于开发人员所提供的 Bean 的配置。现在来看看 BeanFactoryPost-Processor 是如何工作的，以及在应用程序中如何来覆盖它。

（1）BeanFactoryPostProcessor 在实际创建 Bean 之前，需要处理 Bean 的定义和 Bean 的元数据配置信息。

（2）Spring 提供了几种有用的 BeanFactoryPostProcessor 实现，如读取属性文件和注册一个自定义作用域。

（3）可以基于 BeanFactoryPostProcessor 接口自己编写实现类。

（4）如果只是在某一个容器中定义 BeanFactoryPostProcessor，那么它仅应用于这个容器的 Bean 的定义。

BeanFactoryPostProcessor 的代码片段如下：

```
public interface BeanFactoryPostProcessor {
    public void postProcessBeanFactory (ConfigurableListableBeanFactory
beanFactory);
}
```

BeanFactoryPostProcessor 的扩展点示例：读取外部属性文件（database.properties）。

在这里将使用 DataSource Bean 来配置数据库的值，如 username，password，db，url 和 driver，代码如下：

```
jdbc.driver=org.hsqldb.jdbcDriver
jdbc.url=jdbc:hsqldb:hsql://production:9002
jdbc.username=doj
jdbc.password=doj@123
```

DataSource Bean 的配置定义如下：

```
@Configuration
    @PropertySource("classpath:/config/database.properties")
    publicclassInfraConfig{
        @Bean
        publicDataSourcedataSource(
        @Value("${jdbc.driver}")Stringdriver,
        @Value("${jdbc.url}")Stringurl,
        @Value("${jdbc.user}")Stringuser,
        @Value("${jdbc.password}")Stringpwd){
         DataSourcecds=newBasicDataSource();
         ds.setDriverClassName(driver);
         ds.setUrl(url);
         ds.setUser(user);
         ds.setPassword(pwd));
         returnds;
        }
    }
```

上述代码中，我们如何来解析 @Value 和 ${...} 变量呢？我们需要使用 Property-SourcePlace-HolderConfigurer 来评估他们，这个 PropertySourcePlaceHolderConfigurer 就是一个 BeanFactoryPost-Processor。如果你使用的是 XML 配置，那么 <context:property-placeholder/> 命名空间将为你创建一个 PropertySourcePlaceHolderConfigurer 对象。

对于加载配置文件来说，Bean 的定义是一次性的，但是容器内每个 Bean 实例的初始化已经被执行过了。接下来讨论在应用程序中 Bean 实例的初始化。

3. 初始化 Bean 实例

在将 Bean 定义加载到 BeanFactory 之后，Spring 的 IoC 容器为应用程序实例化 Bean，这个流程如图 5.5 所示。

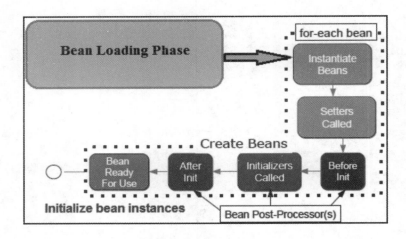

图 5.5　Bean 实例流程

从图 5.5 中可看到，这是对容器中每个 Bean 执行的初始化步骤。Bean 创建过程如下：

- 在默认的情况下，每个 Bean 都会被很快地初始化，除非将这个 Bean 标记为懒加载，否则它将以正确的顺序初始化，并注入其依赖项。
- Spring 提供了多个 BeanPostProcessor，因此每个 Bean 都会经历一个后置阶段，例如 Bean-FactoryPostProcessor，它能修改 Bean 的定义，而 BeanPostProcessor 则能在 Bean 的实例化阶段进行更改。
- 这个阶段执行完后，Bean 已经初始化完成并可以使用了。这个 Bean 是通过 id 来进行追踪的，一直到 Spring 的 context 被销毁，当然作用域为 prototype 类型的 Bean 除外。

下面将讨论如何通过 BeanPostProcessor 来定制 Spring 容器。

4. 使用 BeanPostProcessor 来定制 Bean

BeanPostProcessor 是 Spring 中一个非常重要的扩展点，它可以以任何方式修改 Bean 实例，还可以用于开启一些强大的特性，比如 AOP 代理。你可以在应用程序中编写自己的 BeanPostProcessor 来创建自定义的后置处理器，这个类必须要实现 BeanPostProcessor 接口。在 Spring 中 BeanPostProcessor 接口有两个回调方法，代码如下：

```
public interface BeanPostProcessor {
```

```
        Object postProcessBeforeInitialization(Object bean, String
        beanName) throws BeansException;
        Object postProcessAfterInitialization(Object bean, String
        beanName) throws BeansException;
}
```

实现 BeanPostProcessor 接口的这两个方法,为 Bean 的实例化以及依赖解析提供自己的自定义逻辑,还可以配置多个 BeanPostProcessor 实现,然后将这些自定义逻辑添加到 Spring 容器中;还可以通过设置 order 属性来管理这些 BeanPostProcessor 的执行顺序。BeanPostProcessor 自身在被 Spring 容器实例化之后才会对其他 Bean 起作用,它的使用域就是在 Spring 容器中,这意味着在一个容器中定义的 Bean 不会被另一个容器中定义的 BeanPostProcessor 进行后置处理。

Spring 应用程序中的任何类都可以被注册为后置处理器,它由 Spring 容器为每个 Bean 实例创建。Spring 容器在容器的初始化方法(初始化 Bean 的 afterPropertiesSet() 方法和 Bean 的 init 方法)之前调用 postProcessBeforeInitialization() 方法,并且还在 Bean 的初始化回调之后调用 postProcessAfterInitialization() 方法。尽管可以使用后置处理器进行任务操作,但 Spring AOP 使用后置处理器来提供代理包装逻辑(代理设计模式)。

Spring 的 ApplicationContext 自动检测实现了 BeanPostProcessor 接口的 Bean,并将这些 Bean 注册为后置处理器。在创建其他的 Bean 时调用这些后置处理器的 Bean。下面是一个 BeanPostProcessor 的例子。

创建自定义后置处理器的 Bean,代码如下:

```
package com.packt.patterninspring.chapter5.bankapp.bpp;
    import org.springframework.beans.BeansException;
    import org.springframework.beans.factory.config.BeanPostProcessor;
    import org.springframework.stereotype.Component;
    @Component
    public class MyBeanPostProcessor implements
    BeanPostProcessor {
        @Override
        public Object postProcessBeforeInitialization
        (Object bean, String beanName) throws BeansException {
            System.out.println("In After bean Initialization
            method. Bean name is "+beanName);
            return bean;
        }
```

```
        public Object postProcessAfterInitialization(Object bean, String
        beanName) throws BeansException {
            System.out.println("In Before bean Initialization method. Bean
            name is "+beanName);
            return bean;
        }
    }
```

此示例说明了基本用法,主要展示了后置处理器将字符串打印到系统控制台上,用于注册到容器中的每个 Bean。这个 MyBeanPostProcessor 使用注解 @Component,这也就意味着这个类与应用上下文中其他的 Bean 相同,现在运行下面的 demo 类,代码如下:

```
public class BeanLifeCycleDemo {
        public static void main(String[] args) {
            ConfigurableApplicationContext applicationContext = new
            AnnotationConfigApplicationContext(AppConfig.class);
            applicationContext.close();
        }
    }
```

控制台的输入结果如下:

```
<terminated> BeanLifeCycleDemo [Java Application] C:\Program Files\Java\jre1.8.0_131\bin\javaw.exe (04-Jul-2017, 11:27:21 PM)
Jul 04, 2017 11:27:23 PM org.springframework.context.annotation.AnnotationConfigApplicationContext prepareRefresh
INFO: Refreshing org.springframework.context.annotation.AnnotationConfigApplicationContext@6e2c634b: startup date [
In After bean Initialization method. Bean name is org.springframework.context.event.internalEventListenerProcessor
In Before bean Initialization method. Bean name is org.springframework.context.event.internalEventListenerProcessor
In After bean Initialization method. Bean name is org.springframework.context.event.internalEventListenerFactory
In Before bean Initialization method. Bean name is org.springframework.context.event.internalEventListenerFactory
In After bean Initialization method. Bean name is appConfig
In Before bean Initialization method. Bean name is appConfig
In After bean Initialization method. Bean name is transferService
In Before bean Initialization method. Bean name is transferService
Jul 04, 2017 11:27:23 PM org.springframework.context.annotation.AnnotationConfigApplicationContext doClose
INFO: Closing org.springframework.context.annotation.AnnotationConfigApplicationContext@6e2c634b: startup date [Tue
```

从输出可看到,为 Spring 容器的每个 Bean 打印了两个回调方法的字符串,Spring 为某些特性提供了很多预实现的 BeanPostProcessor,如下所示:

- RequiredAnnotationBeanPostProcessor
- AutowiredAnnotationBeanPostProcessor
- CommonAnnotationBeanPostProcessor
- PersistenceAnnotationBeanPostProcessor

XML 配置中的命名空间 <context:annotation-config/> 在定义它的同一个应用上下文中可以启用多个后置处理器。

接下来讨论如何使用 BeanPostProcessor 启用 Initializer 扩展点。

5. Initializer 扩展点

Bean 后置处理器的这种特殊情况，导致 init(@PostConstruct) 被调用，在内部 Spring 使用多个 BeanPostProcessor（BPP）。使用 CommonAnnotationBeanPostProcessor 来启用初始化工作，图 5.6 是 initializer 和 BPP 之间的关系。

图 5.6 Initializer 和 BPP 之间的关系

Initializer 扩展点的 XML 示例如下：

```xml
<?xml version="1.0" encoding="UTF-8"?>
    <beans xmlns="http://www.springframework.org/schema/beans"
    xmlns:xsi="http://www.w3.org/2001/XMLSchema-instance"
    xmlns:c="http://www.springframework.org/schema/c"
    xmlns:context="http://www.springframework.org/schema/context"
    xsi:schemaLocation="http://www.springframework.org/schema/beans
    http://www.springframework.org/schema/beans/spring-beans.xsd
    http://www.springframework.org/schema/context
    http://www.springframework.org/schema/context/
    spring-context-4.3.xsd">
    <context:annotation-config/>
    <bean id="transferService"
    class="com.packt.patterninspring.chapter5.
    bankapp.service.TransferService"/>
    <bean id="accountRepository"
    class="com.packt.patterninspring.chapter5.
    bankapp.repository.JdbcAccountRepository"
    init-method="populateCache"/>

    </beans>
```

从上述代码中可看到,一些 Bean 已被定义,其中一个叫 accountRepository 的 Bean,有一个 init 方法属性,属性的值是 populateCache。这是 acountRepository Bean 的初始化方法,如果后置处理器由命名空间 <context:annotation-config/> 显示的启用,则在 Bean 初始化的时候由容器调用它。让 JdbcAccountRepository 类的实现定义如下:

```
package com.packt.patterninspring.chapter5.bankapp.repository;
    import com.packt.patterninspring.chapter5.bankapp.model.Account;
    import com.packt.patterninspring.chapter5.bankapp.model.Amount;
    import com.packt.patterninspring.chapter5.
    bankapp.repository.AccountRepository;
    public class JdbcAccountRepository implements AccountRepository{
      @Override
      public Account findByAccountId(Long accountId) {
        return new Account(accountId, "Arnav Rajput", new
        Amount(3000.0));
      }
      void populateCache(){
        System.out.println("Called populateCache() method");
      }
    }
```

在 Java 配置中,可以使用 @Bean 注解的 initMethod 属性,代码如下:

```
@Bean(initMethod = "populateCache")
public AccountRepository accountRepository(){
    return new JdbcAccountRepository();
}
```

在基于注解的配置中,可以使用 JSR_250 注解 @PostConstruct,代码如下:

```
@PostConstruct
void populateCache(){
    System.out.println("Called populateCache() method");
}
```

我们已经看到了 Bean 生命周期的第一个阶段,其中 Spring 通过使用 XML、Java 和注解的配置加载 Bean 的定义,之后 Spring 容器在应用程序中以正确的顺序初始化每个 Bean。图 5.7 描述了配置生命周期的第一个阶段。

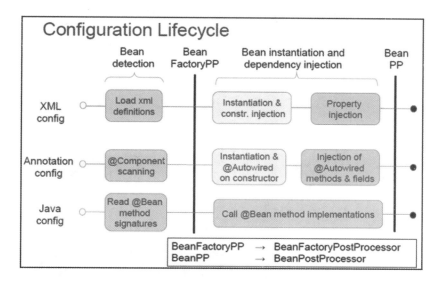

图 5.7　配置生命周期的第一个阶段

图 5.7 显示了任何样式的 Spring Bean 元数据：XML、注解或 Java（由各自的 ApplicationContext 实现加载的）。解析所有 XML 文件然后加载 Bean 定义，在注解配置中，Spring 扫描所有组件然后进行加载，在 Java 配置中，Spring 读取所有使用 @Bean 注解标记的方法，然后加载 Bean 定义。在从所有配置样式加载 Bean 定义之后，BeanFactoryPostProcessor 基于全局来修改某些 Bean 的定义，然后容器实例化 Bean。最后，BeanPostProcessor 基于 Bean 工作，并且可以修改 Bean 对象。这是初始化阶段。接下来讨论 Bean 生命周期的下一个使用阶段。

5.1.2　Bean 的使用阶段

在 Spring 应用程序中，所有的 Spring Bean 在这个阶段都要花费 99% 的时间，如果初始化阶段成功完成，Spring Bean 则进入此阶段。在这里客户端将 Bean 当作是应用程序服务，这些 Bean 处理客户端的请求并且执行应用程序的行为。如何获取一个 Bean，从使用它的应用上下文中。请参考如下代码：

```
//Get or create application context from somewhere
  ApplicationContext applicationContext = new
  AnnotationConfigApplicationContext(AppConfig.class);
//Lookup the entry point into the application
  TransferService transferService =
  context.getBean(TransferService.class);
```

```
//and use it
transferService.transfer("A", "B", 3000.1);
```

假设服务返回的是一个原始对象,然后直接进行调用,这倒没什么特殊之处。但是如果这个 Bean 被包装成一个 Proxy 类,那么事情就会变的很有趣了,为了更清楚地理解这一点,我们探讨一下图 5.8。

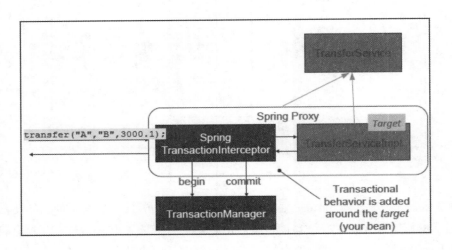

图 5.8　装饰器模式和代理模式的实现

在图 5.8 中,可以通过 Proxy(代理)类查看 service 方法的调用,Proxy 类由专用的 BeanPostProcessor 在初始化阶段创建,它将 Bean 封装在动态代理中,这样就可以清晰地向 Bean 添加行为。以上是装饰器模式和代理模式的实现。接下来讨论 Spring 如何在应用程序中为 Bean 创建代理。

使用代理在 Spring 中实现装饰器和代理模式

Spring 在应用程序中使用两种类型的代理,以下是 Spring 使用的代理类型:

● JDK Proxy:也称为动态代理,它的 API 内置于 JDK 中,使用这个代理需要提供 Java 接口。

● CGLIB Proxy:这个不是内置在 JDK 中的,但是却被包含在 Spring 的 Jar 包中,当接口不可用的时候使用它,而且这个代理也不能应用在 final 类或者方法中。

这两个代理的特性如图 5.9 所示。

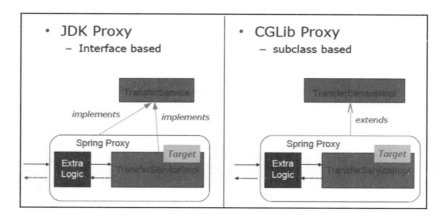

图 5.9　两个代理特性的比较

这就是 Spring Bean 生命周期的使用阶段,下一个阶段是销毁阶段。

5.1.3　Bean 的销毁阶段

在这个阶段,Spring 会释放应用服务所获取的所有资源,这些都可以进行垃圾回收,当关闭应用上下文时,销毁阶段即完成。代码实现如下:

```
//Any implementation of application context
ConfigurableApplicationContext applicationContext = new
AnnotationConfigApplicationContext(AppConfig.class);
//Destroy the application by closing application context.
applicationContext.close();
```

在这段代码中,在调用了 applicationContext.close() 方法后,会产生以下几个过程:

- 实现了 org.springframework.Beans.factory.DisposableBean 接口的 Bean,在销毁时都会从容器获取回调,DisposableBean 接口就指定了一个方法:

```
void destroy() throws Exception;
```

- 如果调用 destroy 方法,则会销毁 Bean 的实例,这个 destroy 方法 Bean 必须要定义,这是一个无参方法,也无返回值。
- 上下文会自行销毁,并且以后也不可再用。
- 只有在 GC 实际销毁了对象时,在 ApplicatonContext/JVM 正常退出后 GC 被调用,并且其调用并不是为了 prototype Bean。

如何使用 XML 配置它,代码如下:

```xml
<?xml version="1.0" encoding="UTF-8"?>
    <beans xmlns="http://www.springframework.org/schema/beans"
    xmlns:xsi="http://www.w3.org/2001/XMLSchema-instance"
    xmlns:c="http://www.springframework.org/schema/c"
    xmlns:context="http://www.springframework.org/schema/context"
    xsi:schemaLocation="http://www.springframework.org/schema/beans
    http://www.springframework.org/schema/beans/spring-beans.xsd
    http://www.springframework.org/schema/context
    http://www.springframework.org/schema/context/spring-context-
    4.3.xsd">
    <context:annotation-config/>
    <bean id="transferService"
    class="com.packt.patterninspring.chapter5.
    bankapp.service.TransferService"/>
    <bean id="accountRepository"
    class="com.packt.patterninspring.chapter5.
    bankapp.repository.JdbcAccountRepository"
    destroy-method="clearCache"/>

</beans>
```

在配置中 accountRepository 有一个名为 clearCache 的销毁方法：

```java
package com.packt.patterninspring.chapter5.bankapp.repository;
    import com.packt.patterninspring.chapter5.bankapp.model.Account;
    import com.packt.patterninspring.chapter5.bankapp.model.Amount;
    import com.packt.patterninspring.chapter5.bankapp.
      repository.AccountRepository;
    public class JdbcAccountRepository implements AccountRepository{
     @Override
    public Account findByAccountId(Long accountId) {
      return new Account(accountId, "Arnav Rajput", new
      Amount(3000.0));
    }
    void clearCache(){
```

```
        System.out.println("Called clearCache() method");
}}
```

如何用 Java 来配置？可以使用 @Bean 的 destoryMethod 属性，代码如下：

```
@Bean (destroyMethod="clearCache")
public AccountRepository accountRepository() {
        return new JdbcAccountRepository();
}
```

也可以使用注解来实现同样的功能。使用批注时需要进行注解配置，或者通过使用 <context:-component-scan ... /> 将组件扫描程序激活，代码如下：

```
public class JdbcAccountRepository {
        @PreDestroy
        void clearCache() {
          //close files, connections...
          //remove external resources...
        }
}
```

上述已经讨论了 Spring Bean 所有阶段的生命周期，即在初始化阶段，BeanPostProcessor 用于初始化和代理；在使用阶段，Spring Bean 使用到代理的魔力；最后在销毁阶段，Spring Bean 又允许应用程序彻底的终止。

接下来讨论 Bean 的作用域以及如何在 Spring 容器中自定义作用域。

5.2 理解 Bean 作用域

在 Spring 中，每个 Bean 在容器中都有一个作用域。这不仅可以控制 Bean 的元数据和生命周期，还可以控制这个 Bean 的作用域；可以创建自定义的作用域，然后将其注册到容器中；可以通过配置 XML、注解和 Java 配置的方式来决定 Bean 的作用域。

Spring 应用上下文可以通过单例作用域来创建 Bean，这意味着每次都使用的是同一个 Bean，无论这个 Bean 是否被注入另一个 Bean 或者被其他服务调用多少次。因为这种单例的行为，其作用域能降低实例化的成本，非常适用于应用当中的无状态对象。

在 Spring 中有时候需要保存一些线程不安全的对象状态，以便后面重用，这时将 Bean 的作用域定义为单例并不是一个好办法，以后重用时很可能会导致意外发生。Spring 为这样的需求提供了另一个作用域，被称为 prototype 作用域（原型作用域）。

5.2.1 单例作用域

在 Spring 中,具有单例作用域的 Bean,都只为应用上下文创建一个 Bean 实例,这是为整个应用程序定义的,是 Spring 默认的作用域。但它与 GoF 设计模式书中定义的单例模式是不同的,在 JAVA 中,单例是 JVM 中每个 ClassLoader 的特定类对象,但在 Spring 中,单例是每个 IoC 容器中每个 Bean 定义的实例,如图 5.10 所示。

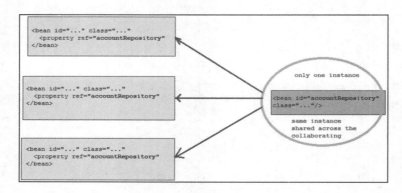

图 5.10　单例作用域

从图 5.10 中可看到,对象的实例是由 accountRepository 所定义的,注入同一 IoC 容器的其他 Bean。Spring 将所有单例 Bean 实例存储在缓存中。

5.2.2 原型作用域

在 Spring 中,使用 prototype(原型)作用域定义的 Bean,每次将 Bean 注入其他协作 Bean 的时候,都会创建一个新的实例。图 5.11 展示了 prototype 作用域。

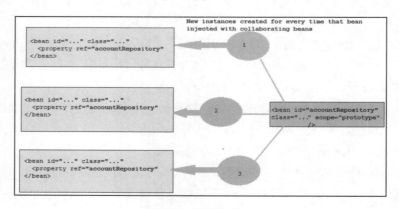

图 5.11　原型作用域

从图 5.11 中可以看到,accountRepository Bean 被标记为 prototype 类型,容器每次会将 account-tRepository Bean 注入其他 Bean 时,创建一个新的实例。

5.2.3 Session Bean 作用域

仅为 Web 环境的每个用户 session 创建一个新的实例,Bean 的 XML 定义如下:

```
<bean id="..." class="..." scope="session"/>
```

5.2.4 Request Bean 作用域

仅为 Web 环境的每个请求创建一个新的实例,Bean 的 XML 定义如下:

```
<bean id="..." class="..." scope="request"/>
```

5.2.5 Spring 中的其他作用域

Spring 还有其他更专业的作用域:
- WebSocket 作用域
- Refresh 作用域
- 线程作用域(已定义,但默认的情况下并未注册)

此外 Spring 还可以为 Bean 创建自定义的作用域,下一节将讨论这个问题。

1. 自定义作用域

我们能够为 Bean 创建自定义的作用域,并且也会将作用域注册到应用上下文中。下面的示例展示了如何创建自定义的作用域。

2. 创建自定义作用域

为了能够在 Spring IoC 中创建自定义作用域,Spring 提供了 org.springframework.Beans.factory.config.Scope 接口,必须实现此接口才能创建自定义作用域。下面是将 MyThreadScope 类作为 Spring IoC 容器的自定义作用域:

```
package com.packt.patterninspring.chapter5.bankapp.scope;
import java.util.HashMap;
import java.util.Map;
```

```java
import org.springframework.beans.factory.ObjectFactory;
import org.springframework.beans.factory.config.Scope;
public class MyThreadScope implements Scope {
  private final ThreadLocal<Object> myThreadScope = new
  ThreadLocal<Object>() {
    protected Map<String, Object> initialValue() {
      System.out.println("initialize ThreadLocal");
      return new HashMap<String, Object>();
    }
  };
 @Override
 public Object get(String name, ObjectFactory<?> objectFactory) {
   Map<String, Object> scope = (Map<String, Object>)myThreadScope.get();
   System.out.println("getting object from scope.");
   Object object = scope.get(name);
   if(object == null) {
     object = objectFactory.getObject();
     scope.put(name, object);
   }
   return object;
 }
 @Override
 public String getConversationId() {
   return null;
 }
 @Override
 public void registerDestructionCallback(String name, Runnable callback){
 }
 @Override
 public Object remove(String name) {
   System.out.println("removing object from scope.");
   @SuppressWarnings("unchecked")
   Map<String, Object> scope = (Map<String, Object>)myThreadScope.get();
   return scope.remove(name);
```

```
    }
    @Override
    public Object resolveContextualObject(String name) {
        return null;
    }
}
```

在上面代码中重写了 Scope 接口的多个方法，如下所示：

- Object get(String name, ObjectFactory<?>objectFactory)：从基础作用域返回对象。
- Object remove(String name)：从基础作用域中删除对象。
- void registerDestructionCallback(String name, Runnable callback)：注册销毁回调，当具有自定义作用域的对象被销毁的时候执行此方法。

接下来讨论如何在 Spring IoC 容器中注册自定义作用域，以及如何在 Spring 应用中使用它。

通过使用 CustomScopeConfigurer 类，以声明的方式在 Spring IoC 容器中注册此自定义作用域：

```xml
<?xml version="1.0" encoding="UTF-8"?>
    <beans xmlns="http://www.springframework.org/schema/beans"
    xmlns:xsi="http://www.w3.org/2001/XMLSchema-instance"
    xsi:schemaLocation="http://www.springframework.org/schema/beans
    http://www.springframework.org/schema/beans/spring-beans.xsd">
    <bean   class="org.springframework.beans.factory.
    config.CustomScopeConfigurer">
    <property name="scopes">
      <map>
        <entry key="myThreadScope">
          <bean class="com.packt.patterninspring.chapter5.
          bankapp.scope.MyThreadScope"/>
        </entry>
      </map>
    </property>
    </bean>
    <bean id="myBean" class="com.packt.patterninspring.chapter5.
    bankapp.bean.MyBean" scope="myThreadScope">
    <property name="name" value="Dinesh"></property>
```

```
        </bean>
</beans>
```

从上面配置文件中可看到,通过使用 CustomScopeConfigurer 类在应用上下文中注册了名称为 myThreadScope 的自定义作用域,和通过 XML 配置文件中的 Bean 所标记的 Scope 属性,而使用的这个自定义作用域类似于单例作用域或原型作用域。

5.3　小　结

阅读完本章后,应该对容器中 Spring Bean 的生命周期以及容器中的几种 Bean 的作用域有了很好的了解。现在知道了容器中 Spring Bean 的生命周期有三个阶段。

第一个是初始化阶段,在此阶段 Spring 从 XML、注解和 Java 配置中加载 Bean 定义,加载完 Bean 后,容器开始构造每个 Bean,并在这些 Bean 上应用后置处理器。

第二个是使用阶段,其中 Bean 已经准备好使用,在这里 Spring 展现了代理模式的神奇之处。

第三个是销毁阶段,在这个阶段当应用程序调用 Spring 的 ApplicatonContext 的 close() 方法时,容器将调用每个 Bean 的清理方法来释放资源。

在 Spring 中,我们不仅可以控制 Bean 的生命周期,还可以控制 Bean 的作用域,Spring IoC 容器中的 Bean 的默认作用域是单例,但是可以通过修改 XML 中 Bean 所标记的 scope 属性,或者 Java 中 @Scope 注解,使用其他作用域来覆盖默认的;还可以创建自定义的作用域并注册到容器中。

现在我们将开始本书的神奇篇章了,即面向切面的编程（AOP）,就像依赖注入有助于将组件与其协作的其他组件分离一样,AOP 有助于将应用程序组件与跨应用程序中多个组件的任务分离。让我们继续下一章,用代理和装饰器设计模式介绍面向 Spring 切面的编程。

第6章 基于代理和装饰模式的面向 Spring 切面编程

在阅读本章节前，我想先和你分享一些内容：当我正在写这一章节的时候，我的妻子 Anamika 正在玩自拍，并将照片上传到了诸如 Facebook、WhatsApp 等一些这样的社交媒体网站。她用这样的方式记录着她喜欢的内容，但是，上传更多的照片就需要使用更多的移动数据，而移动数据则需要花钱。我很少使用社交媒体，我会尽量避免向互联网公司支付更多的费用。互联网公司每个月都知道我们应该支付多少费用。现在认真思考一下，如果我们精心规划和管理互联网的使用、总呼叫时间和账单计算，将会发生什么？一些痴迷于互联网的用户可能会去管理它，但谈及如何管理，我真的无能为力。

计算互联网的使用时长和总呼叫时间的计费是一项重要的功能，但对于大多数的互联网用户来说这并不是主要的功能，对于我妻子来说，她喜欢拍摄自己然后上传到社交媒体，以及在 YouTube 上观看视频，这些都是互联网用户非常愿意参与的事，而管理和计算他们的互联网账单对他们来说又是一件非常被动的事。

非常类似的是，企业应用程序的一些模块类似于用于互联网使用的计费器，应用程序中的一些需求是，有一些模块需要放置在应用程序的多个点中。但是在每个点上显示的调用这些功能又有些不可预料。像日志、安全性和事务管理等功能对我们的应用程序非常重要，但我们的业务对象并没有积极地参与其中。因为我们的业务对象需要关注更多业务领域的问题，而其他方面则交由别人来处理好了。

在软件开发中，在应用程序的某个点上要执行的特定任务，这些任务或者功能点称之为 cross-cutting concerns（横切关注点）。在应用开发中，所有横切关注点都与业务逻辑分开。Spring 提供了一个 Aspect-Oriented Programming(AOP) 模块，用于将横切关注点与业务逻辑分开。

如第 4 章中，我们了解了依赖注入，它可以配置和处理应用程序中协作对象的依赖关系。DI 协助接口的编程和应用程序对象相互解耦，而 Spring AOP 促进了应用程序的业务逻辑与应用程序中的横切关注点的分离。

在 bankapp 示例中，将资金从一个账户转移到另一个账户这是一种业务逻辑，而记录这个活动以及确保安全的交易则是应用程序的一个横切关注点，这就意味着日志记录、安全性和事务等是应用程序中的常用示例。

本章将探索 Spring 对切面的支持，涵盖的内容如下：

- Spring 中的代理模式
- 适配器设计模式处理负载织入
- 装饰设计模式
- 面向切面编程
- AOP 的问题解决
- 核心 AOP 的概念
- 定义切入点
- 实现 Advices
- 创建切面
- 理解 AOP 代理

在进一步讨论 Spring AOP 之前，先来了解一下 Spring AOP 框架的实现模式，以及如何应用这些模式。

6.1 Spring 的代理模式

代理模式提供了具有另一种功能的类对象。该模式属于 GoF 设计模式中的结构模式，根据 GoF 的定义，它是为另一个对象提供代理或者占位符以控制对另一个对象的访问。这种模式的特点是为另一个类提供一个不同的类，并将其功能对外使用。

在 Spring 中使用装饰模式代理类

正如在第 3 章中所讨论的，根据 GoF 设计模式书中的内容，动态地将额外的职责附加到对象中。装饰模式为子类提供了灵活的替换扩展功能。此模式允许在运行时动态或者静态地向单个对象添加和删除行为，而不会更改同一类中其他关联对象的现有行为。

在 Spring AOP 中，CGLIB 用于在应用程序中创建代理，CGLIB 代理通过在运行时生成目标类的子类来工作，Spring 将这个生成的子类配置为目标对象的委托方法调用——子类用于实现装饰模式，并织入在通知中。

Spring 提供了两种在应用程序中创建代理的方法：

- CGLIB 代理
- JDK 代理或动态代理

其区别如下表所列。

JDK代理	CGLIB代理
也称为动态代理	没有内置在JDK中
API内置在JDK中	包括在Spring JAR中
要求：Java接口	接口不可用时使用
代理所有的接口	不能应用于final类或者方法

两种代理如图 6.1 所示。

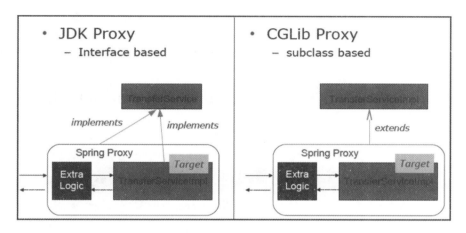

注：CGLIB 代理有一个问题需要考虑，无法通知 final 方法，因为它不能被覆写。

图 6.1　两种代理的对比

6.2　什么是横切关注点

在应用程序中，有很多地方都需要一些通用功能。但是这些功能又与业务的逻辑无关。假设在应用程序的每个业务方法之前都执行一些基于角色的安全检查，而安全又是一个贯穿各领域的问题，它对于任何应用程序都是必需的；但是从业务的角度来看，它并不是必需的，而是我们必须在应用程序的许多地方实现简单通用的功能。以下是企业应用的横切关注点示例：

- 记录和跟踪
- 事务管理
- 安全
- 缓存

- 错误处理
- 性能监控
- 自定义业务逻辑

接下来讨论如何通过 Spring AOP 的切面来在应用程序中实现这些横切关注点。

6.3 什么是面向切面的编程

如前所述,面向切面编程(AOP)实现了横切关注点的模块化,它补充了面向对象编程(OOP),这是另一种编程范式。OOP 将类和对象作为关键元素,而 AOP 以切面作为关键元素,切面允许我们在多个点上模块化应用程序中的一些功能,这种类型的功能被称为横切关注点。例如,安全性是应用程序中的一个横切关注点,因为我们要在多个方法中应用这种安全性功能,同样事务和日志记录也是应用程序中的横切关注点问题。这些关注点如何应用于业务模块的方式如图6.2 所示。

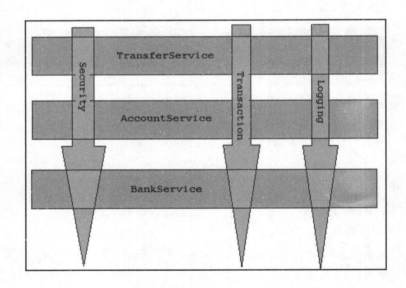

图 6.2　如何应用于业务模块

如图 6.2 所示,TransferService、AccountService 和 BankService 有三个主要的业务模块,所有的业务模块都需要一些常用的功能,如安全性、事务管理和日志记录。如果不使用 Spring AOP,那么应用程序中必须要面对哪些问题?

6.3.1　AOP 解决的问题

如前所述,切面可以实现横切关注点的模块化,因此如果不使用切面,那么一些横切功能的模块化是无法实现的,切面倾向于将横切功能与业务模块混合在一起。如果使用通用的面向对象原则来重用常用功能(如安全性、日志记录和事务管理),则需要使用继承或者组合,但是使用继承又有可能违反 SOLID 原则中的单一职责,也会增加对象的层次结构。而且应用程序处理组合也会比较复杂,这就意味着非模块化横切关注点问题会导致以下两个主要问题:

- 代码缠绕
- 代码分散

1. 代码缠绕

它是应用程序中关注的耦合,当横切关注点与应用程序的业务逻辑混合时就会发生代码缠绕,它促进了横切模块与业务模块之间的紧密耦合。更多的相关信息如下:

```java
public class TransferServiceImpl implements TransferService {
    public void transfer(Account a, Account b, Double amount){
        //Security concern start here
        if (!hasPermission(SecurityContext.getPrincipal()) {
            throw new AccessDeniedException();
        }
        //Security concern end here
        //Business logic start here
        Account aAct = accountRepository.findByAccountId(a);
        Account bAct = accountRepository.findByAccountId(b);
        accountRepository.transferAmount(aAct, bAct, amount);
        ...
    }
}
```

从上述代码可知,安全相关代码与应用程序的业务逻辑代码混合在一起,这种情况是代码缠绕的一个例子。在这里只考虑了安全性的相关问题,但在企业应用中,我们必须要实现多个横切关注点,如日志记录、事务管理等,在这种情况下维护代码和对代码的任务更改,都将变得更复杂,这就很可能会造成代码中出现严重的 bug,如图 6.3 所示。

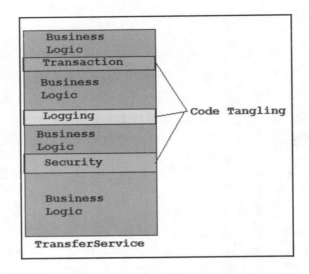

图 6.3 可能会出现 bug

从图 6.3 中可知,有三个横切关注点分布在 TransferService 中,横切关注点逻辑与 AccountSer-
vice 业务逻辑混合在一起,关注点和应用逻辑的这种耦合叫代码缠绕。如果使用切面来解决横切问
题,那就是另一个主要的问题。

2. 代码分散

这意味着同样的问题分散到了程序中的各个模块中,代码分散会促使程序总是不断地出现重复
代码,代码如下:

```java
public class TransferServiceImpl implements TransferService {
        public void transfer(Account a, Account b, Double amount){
        //Security concern start here
        if (!hasPermission(SecurityContext.getPrincipal()) {
          throw new AccessDeniedException();
        }
        //Security concern end here
    //Business logic start here
...
    }
    }
```

```
public class AccountServiceImpl implements AccountService {
  public void withdrawl(Account a, Double amount) {
  //Security concern start here
  if (!hasPermission(SecurityContext.getPrincipal()) {
    throw new AccessDeniedException();
  }


  //Security concern end here
  //Business logic start here
  ...
    }
}
```

上述代码中,应用程序有两个模块:TransferService 和 AccountService。两个模块都具有相同的横切关注代码以确保其安全性。图 6.4 说明了代码分散。

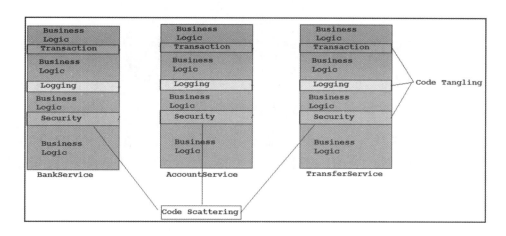

图 6.4　分散的代码

在图 6.4 中,有三个业务模块:TransferService、AccountService 和 BankService。每个业务模块都包含横切关注点,如安全性、日志记录和事务管理。所有模块在程序中都具有相同的关注代码。实际上,它是跨应用程序复制关注点代码。

Spring 为代码缠绕和代码分散提供了解决方案,也就是使用切面可以实现横切关注点模块化,以避免缠绕和消除分散。下面讲述 AOP 如何解决这些问题的。

6.3.2 AOP 如何解决问题

Spring AOP 允许将横切关注点逻辑和应用程序逻辑分开,这意味着我们只关注应用程序逻辑的实现就可以了,通过编写切面来解决横切关注点问题,Spring 提供了很多现成的切面。在创建切面之后,可以将这些切面(即横切行为)添加到程序中的正确位置。AOP 的功能如图 6.5所示。

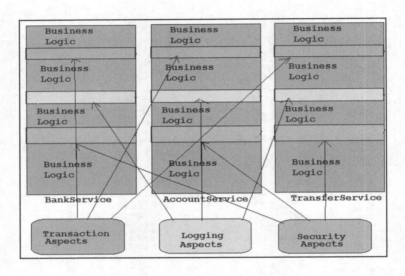

图 6.5　AOP 功能

如图 6.5 所示,安全性、日志记录和事务切面都在程序中单独实现,在程序的正确位置上进行添加,现在程序逻辑与关注点是分离的。接下来讨论一些核心 AOP 的概念并在程序中使用这些 AOP术语。

6.4　核心 AOP 术语和概念

和其他技术一样,AOP 也有自己的词汇表,先来学习一些核心的 AOP 概念和术语,Spring 在AOP 中使用了 AOP 范式。但是,Spring AOP 使用的术语是特定于 Spring 的,只是用于描述 AOP模块和功能,不是很直观。如果我们不理解这些 AOP 的术语,那将无法深入地了解其功能,基本上AOP 是根据通知、切入点和连接点定义的。图 6.6 说明了核心 AOP 概念以及它们是如何在框架中捆绑在一起的。

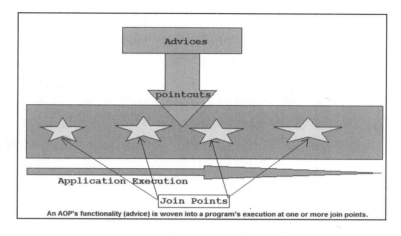

图 6.6　AOP 如何在框架中捆绑

从图 6.6 中可看到一个 AOP 的功能,这个功能被称为通知,它被实现为多个点,而这些点被称为连接点(Joint Points),它们是通过表达式来定义,这些表达式又被称为切入点。下面举例来详细理解这些术语。(还记得我妻子的互联网账单的故事吗?)

1. 增强

互联网计划用于根据互联网公司以 MB 或者 GB 的数据来计算账单,互联网公司有一个客户列表,互联网公司也会为这些客户计算账单,因此计算账单并将其发送给客户也是这些互联网公司的核心工作,而不是客户的核心工作。同样每个切面都有自己的主要工作,也有做这项工作的目的,一个切面的工作被称为 AOP 增强(Advice)。

增强是一项工作,切面将执行这项工作,什么时候执行这项工作以及要在这项工作中做什么。在调用业务方法之前是否会执行此工作? 是在调用业务方法之后执行? 它会在方法调用之前和之后执行吗? 当业务方法抛出异常时执行,有时这种业务方法叫增加方法。Spring 切面使用的五种建议如下:

① Before:在目标方法之前调用增强方法。

如果增强(advice)抛出异常,则目标方法不会被调用,这是前置增加的有效使用。

② After:增强工作是在目标方法完成之后执行的,无论业务方法是否抛出异常。

③ After-returning:如果目标方法正常返回而不抛异常,那么增强工作是在方法完成之后执行。

④ After-throwing:如果目标方法抛出异常退出,则执行增强工作。

⑤ Around:这是 Spring 最强大的增强之一,这个增强将围绕着业务方法,在调用目标方法之前和之后提供一些增强工作。

简而言之,增强工作的代码将在每个选定的点执行,这个选定的点就是连接点。

2. 连接点

互联网公司为许多客户提供了网络的使用,每个客户都有一个流量规划用于他们的账单使用。在流量规划的帮助下,该公司会为每个客户计算互联网账单。同样,应用程序中也可能会有多个位置来应用增强,应用程序中的这些位置就称为连接点(Join Point)。连接点是程序执行中的一个点,如方法调用或者抛出的异常,在这些点上,Spring 切面会在应用程序中插入关注的功能。

3. 切入点

互联网公司根据网络数据的使用,制定了很多流量规划(像我妻子这样的客户需要更多的流量数据),因为任何一个互联网公司都不可能为所有的客户提供相同的流量规划或为每个客户都提供唯一的规划,相反每个流量规划都会分配给一个客户分组。同样增强也不必适用于程序中的所有连接点,而且可以定义一个表达式在程序中选择一个或者多个连接点,这个表达式就是切入点(Pointcut),它有助于减少增强的连接点。

4. 切面

互联网公司知道每个客户都有自己的流量规划,根据这些信息,互联网公司计算账单并将其发送给客户。在这个例子中互联网公司是一个切面,流量规划是切入点,客户是连接点,计算网络费用是公司的增强,同样在程序中,切面(Aspect)是一个封装切入点和增强的模块,切面知道它在程序中做什么,什么时间做。

5. 织入

织入(Weaving)是一种将切面与业务代码相结合的技术,这是通过创建新的代理对象将切面应用于目标对象的过程,织入可以在编译时或者类加载的时候完成,也可以在运行时完成,Spring AOP使用代理模式进行运行时织入。

你可以看到在 AOP 中使用了很多术语,当你想了解 AOP 框架时,无论这些框架使用的是AspectJ 还是 Spring AOP,你都必须知道这些术语。Spring 使用的是 AspectJ 框架来实现的 SpringAOP 框架,Spring AOP 仅支持 AspectJ 的有限特性。Spring AOP 提供了基于代理的解决方案,并且只支持基于方法的连接点。现在你对 Spring AOP 及其工作方式有了一些基本的了解,让我们继续讨论下一个主题,如何在 Spring 声明性 AOP 模型中定义切入点。

6.5 定义切入点

如前所述,切入点用于定义应用增强的点,因此切入点是程序中某个切面最重要的元素之一。在 Spring AOP 中可以使用表达式语言来定义切入点,Spring AOP 使用 AspectJ 的切入点表达式语言来选择应用增强的位置。Spring AOP 支持 AspectJ 中可用的切入点指示符的子集,因为 Spring AOP 是基于代理的,有一些指示符不支持基于代理的 AOP。支持 Spring AOP 的指示符如下表所列。

Spring支持AspectJ指示符	描　述
execution	通过方法的执行匹配连接点,它是Spring AOP支持的主要切入点指示符
within	通过限制某些类型来匹配连接点
this	限制Bean的引用是一个给定类型的实例来匹配连接点
target	限制匹配到目标对象属于给定的类型连接点
args	限制匹配到连接点,其中参数是给定类型的实例
@target	限制匹配到目标对象是一个给定类型的注解的连接点
@args	限制匹配到连接点,其中运行时、传递的实际参数类型具有给点类型的注解
@within	限制匹配连接点,其中目标对象是给定类型的注解
@annotation	限制匹配连接点,主题是给点注解的连接点

如前所述,Spring 支持切入点指示符,execution 是主要的切入点指示符,所以在这里我们只展示如何使用 execution 指示符定义切入点。接下来讨论如何在应用程序中编写切入点表达式。

写切入点

我们可以使用 execution 指示符编写切入点,如下所示:

● execution<method pattern>：该方法必须要匹配以下定义的模式
● 可以使用以下运算符链接在一起来创建复合切入点:

```
&& (and), || (or), ! (not)
```

● 方式模式:

```
[Modifiers] ReturnType [ClassType]
        MethodName ([Arguments]) [throws ExceptionType]
```

在上述方式模式中,括号"[ ]"内的值(即 Modifiers、ClassType、Arguments 和 throws Excep-

tionType）都是可选的，没必要使用 execution 指示符为每个切入点定义它，也没有使用括号的值，如
ReturnType 和 MethodName 是必须要定义的。

定义一个 TransferService 的接口：

```
package com.packt.patterninspring.chapter6.bankapp.service;
    public interface TransferService {
        void transfer(String accountA, String accountB, Long amount);
}
```

TransferService 是一个将金额从一个账户转移到另一个账户的服务，假设你要编写一个触发
TransferService 的 transfer 方法的日志记录切面。图 6.7 是一个切入点表达式，可以在执行 transfer 方
法时应用增强。

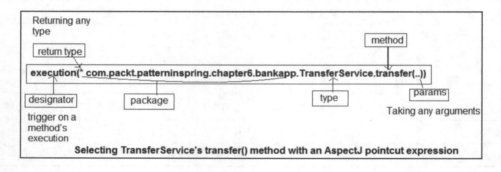

图 6.7　切入点表达式

如图 6.7 所示，使用 execution 指示符来选择连接点的 TransferService 的 transfer() 方法，我在表
达式的开头使用了星号表示该方法可以返回任意类型，在星号后指定了完全限定的类名和方法名。
对于方法参数，使用了两个点（..），这意味着切入点选择名称为 transfer() 的方法，参数可以没有，或
者是任意数量的参数。

更多的切入点表达式选择连接点如下：

● 任意类或者包

execution(void transfer*(String))：任何以 transfer 开头的方法，它接受 String 参数，并且是无返回
值的。

execution(* transfer(*))：任何名为 transfer 的方法，方法只接受一个参数。

execution(* transfer(int，..))：任何名为 transfer 的方法，其第一个参数是 int（后面可能有".."表
示零个或多个参数）。

● 按类限制

execution(void com.packt.patterninspring.chapter6.bankapp.service.T ransferServiceImpl.*(..))：TransferServiceImpl 类所有的 void 方法，以及 TransferServiceImpl 类的所有子类，但如果子类使用的是不同的实现则忽略。

● 按接口限制

execution(void com.packt.patterninspring.chapter6.bankapp.service.T ransferService.transfer(*))：在对象中的所有 void transfer() 方法都只有一个参数。

● 使用注解

execution(@javax.annotation.security.RolesAllowed void transfer*(..))：所有使用 @RoleAllowed 注解的，并且以 transfer 开头的 void 方法。

● 使用包

execution(* com..bankapp.*.*(..))：com 和 bankapp 之间可以有一个目录。

execution(* com.*.bankapp.*.*(..))：com 和 bankapp 之间可以有多个目录。

execution(* *..bankapp.*.*(..))：任何被称为 bankapp 的子包。

接下来讨论如何编写增强，以及声明使用这些切入点的切面。

6.6 创建切面

正如之前所说的，切面是 AOP 中最重要的术语之一，切面合并应用程序中的切入点和增强，接下来讨论如何在程序中定义切面。

将 TransferService 接口定义为切入点的主题，使用 AspectJ 注解来创建一个切面。

使用注解来定义切面

假设在银行应用程序中，希望为转账服务生成日志以便进行审计和跟踪，以便了解客户的行为。如果不了解客户，企业就不会成功。当你从企业的角度去考虑它的时候，审计功能都是必需的，但却不是企业本身的核心功能，这是一个独立的关注点，因此将审计定义为应用传输服务的一个切面是有意义的。下面代码展示了定义一个 Auditing 的切面类：

```
package com.packt.patterninspring.chapter6.bankapp.aspect;
    import org.aspectj.lang.annotation.AfterReturning;
    import org.aspectj.lang.annotation.AfterThrowing;
    import org.aspectj.lang.annotation.Aspect;
    import org.aspectj.lang.annotation.Before;
    @Aspect
```

```
public class Auditing {
  //Before transfer service
  @Before("execution(* com.packt.patterninspring.chapter6.bankapp.
  service.TransferService.transfer(..))")
  public void validate(){
    System.out.println("bank validate your credentials before
    amount transferring");
  }
  //Before transfer service
  @Before("execution(* com.packt.patterninspring.chapter6.bankapp.
  service.TransferService.transfer(..))")
  public void transferInstantiate(){
    System.out.println("bank instantiate your amount
    transferring");
  }
  //After transfer service
  @AfterReturning("execution(* com.packt.patterninspring.chapter6.
  bankapp.service.TransferService.transfer(..))")
  public void success(){
    System.out.println("bank successfully transferred amount");
  }
  //After failed transfer service
  @AfterThrowing("execution(* com.packt.patterninspring.chapter6.
  bankapp.service.TransferService.transfer(..))")
  public void rollback() {
System.out.println("bank rolled back your transferred amount");
}
```

从上述代码可知 Auditing 类是如何使用 @Aspect 来进行注解的,这意味着这个类不仅是
Spring Bean,它也是程序中的一个切面。Auditing 类有一些方法是增强,可以定义一些逻辑。在开
始将金额从一个账户转移到另一个账户之前,银行将验证 (validate()) 使用的凭证,然后实例化
(transferInstantiate())这个服务,在成功(success())验证之后金额被转移,同时由银行对其进行审
计,如果金额转移失败了,那么银行应该回滚(rollback())金额。

如你所见，Auditing 类的所有方法都使用了增强进行注解，以指示什么时候来调用这些方法，Spring AOP 使用了五种类型的增强注解来定义增强，如下表所示。

注　解	定　义
@Before	前置增强，在调用被增强方法之前执行
@After	后置增强，在调用被增强方法之后执行，不论是正常返回还是异常返回
@AfterReturning	返回后增强，被增强方法正常返回后执行
@AfterThrowing	抛出异常后增强，在方法异常终止并抛出异常后执行增强方法
@Around	环绕增强，在方法之前和之后执行增强方法

6.7　实现增强

Spring 提供了五种类型的增强，下面将逐个了解其工作流程。

1. 增强类型：前置

图 6.8 是之前的增强，此增强在目标方法之前执行。

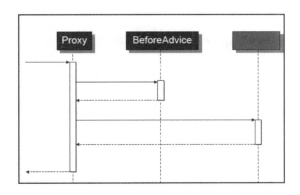

图 6.8　之前的增强

如图 6.8 所示，先执行前置增强，然后调用目标方法。已知 Spring AOP 是基于代理的，所以一个代理对象是由目标类创建的，它基于代理和装饰设计模式。

前置增强示例：

@Before 注解的用法如下：

```
//Before transfer service
    @Before("execution(* com.packt.patterninspring.chapter6.
    bankapp.service.TransferService.transfer(..))")
    public void validate(){
      System.out.println("bank validate your credentials before amount
      transferring");
    }
    //Before transfer service
    @Before("execution(* com.packt.patterninspring.chapter6.
    bankapp.service.TransferService.transfer(..))")
    public void transferInstantiate(){
      System.out.println("bank instantiate your amount transferring");
    }
```

注意：如果增强抛出异常，则不会调用目标方法——这是对前置增强的有效使用。

2. 增强类型：返回后

图 6.9 是增强在目标方法成功执行后再执行。

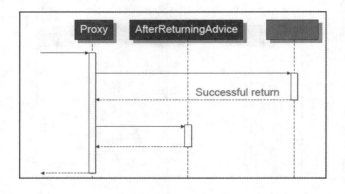

图 6.9　增强后执行

如图 6.9 所示，在目标方法返回后执行返回后增强，如果目标方法在程序中抛出任何异常，这个增强则不会被执行。

返回后增强示例：

下面介绍如何使用 @AfterReturning 注解。

```
//After transfer service
    @AfterReturning("execution(* com.packt.patterninspring.chapter6.
    bankapp.service.TransferService.transfer(..))")
    public void success(){
       System.out.println("bank successfully transferred amount");
    }
```

3. 增强类型：异常后

图 6.10 是关于异常后增强的情况，该增强是在目标方法异常中止后执行，也就是说，目标方法抛出异常后再执行此增强。

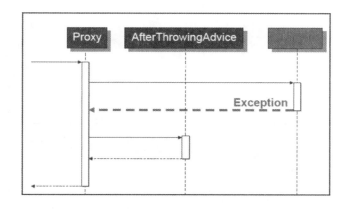

图 6.10 异常后增强

从图 6.10 中可以看到，在目标方法抛出异常后，执行异常后增强。如果目标方法不在应用程序中抛出异常，这个增强则永远不会执行。

异常后增强示例：

@AfterThrowing 注解的用法如下：

```
//After failed transfer service
    @AfterThrowing("execution(* com.packt.patterninspring.chapter6.
    bankapp.service.TransferService.transfer(..))")
    public void rollback() {
       System.out.println("bank rolled back your transferred amount");
    }
```

如果将 @AfterThrowing 注解与 throwing 属性一起使用,那么它仅在目标程序抛出正确的异常类型后才会增强。

```
//After failed transfer service
    @AfterThrowing(value = "execution(*
    com.packt.patterninspring.chapter6.
    bankapp.service.TransferService.transfer(..))", throwing="e"))
    public void rollback(DataAccessException e) {
       System.out.println("bank rolled back your transferred amount");
    }
```

每次 TransferService 类抛出 DataAccessException 类型的异常时,才会执行增强。
@AfterThrowing 增强不会阻塞异常的传播,相反它能够抛出不同类型的异常。

4. 增强类型:后置

图 6.11 是后置增强。在目标方法正确或者异常终止后执行,目标方法抛出异常或者无异常并不重要。

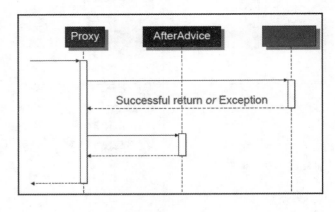

图 6.11　后置增强

如图 6.11 所示,后置增强是在目标方法抛出异常终止或正常终止来调用执行的。

后置增强示例:

@After 注解的使用:

```
//After transfer service
    @After ("execution(* com.packt.patterninspring.chapter6.
```

```
bankapp.service.TransferService.transfer(..))")
public void trackTransactionAttempt(){
    System.out.println("bank has attempted a transaction");
}
```

5. 增强类型：环绕

图 6.12 是环绕增强，此增强是在调用目标方法之前和之后执行，这是 Spring AOP 非常强大的增强。Spring 框架中有很多功能都是通过这个增强来实现的，这是 Spring 中唯一能够停止和继续执行目标方法的增强。

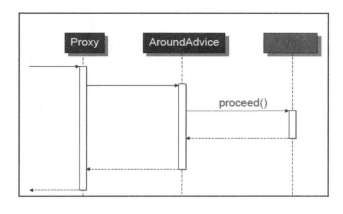

图 6.12　环境增强

从图 6.12 中可以看到，环绕增强执行了两次，第一次是在增强的方法之前执行，第二次是在增强方法之后执行，增强还通过调用 proceed() 方法来执行程序的增强方法。

环绕增强示例：

@Around 注解的用法如下：

```
@Around(execution(*    com.packt.patterninspring.chapter6.
    bankapp.service.TransferService.createCache(..)))
    public Object cache(ProceedingJoinPoint point){
    Object value = cacheStore.get(CacheUtils.toKey(point));
    if (value == null) {
      value = point.proceed();
```

```
            cacheStore.put(CacheUtils.toKey(point), value);
        }
        return value;
    }
```

这里使用了 @Around 注解和一个 ProceedingJoinPoint,它继承自连接点并且添加了proceed() 方法,正如在例子中所看到的,只有在缓存没有相应值时,增强才会继续走到目标方法。

你现在已经了解了如何使用注解在程序中实现增强,以及如何创建切面,如何通过注解定义切入点等,在例子中使用了 Auditing 作为切面类,对用不用 @Aspect 也进行注解,但如果没有开启Spring AOP 代理,这个 @Aspect 注解将不起作用。

下面代码是 Java 配置文件,AppConfig.java 通过设置类级别的注解 @EnableAspectJAutoProxy来启动自动代理,代码如下:

```
package com.packt.patterninspring.chapter6.bankapp.config;
    import org.springframework.context.annotation.Bean;
    import org.springframework.context.annotation.ComponentScan;
    import org.springframework.context.annotation.Configuration;
    import org.springframework.context.annotation.
      EnableAspectJAutoProxy;
    import com.packt.patterninspring.chapter6.bankapp.aspect.Auditing;
    @Configuration
    @EnableAspectJAutoProxy
    @ComponentScan
    public class AppConfig {
      @Bean
      public Auditing auditing() {
        return new Auditing();
      }
    }
```

如果你正在使用 XML 配置,那么如何在 Spring 中连接 Bean,以及如何使用 Spring AOP 命名空间中的 <aop:aspectj-autoproxy> 元素来启用 Spring 的 AOP,可参考如下代码:

```
<?xml version="1.0" encoding="UTF-8"?>
    <beans xmlns="http://www.springframework.org/schema/beans"
      xmlns:xsi="http://www.w3.org/2001/XMLSchema-instance"
```

```
xmlns:context="http://www.springframework.org/schema/context"
xmlns:aop="http://www.springframework.org/schema/aop"
xsi:schemaLocation="http://www.springframework.org/schema/aop
http://www.springframework.org/schema/aop/spring-aop.xsd
http://www.springframework.org/schema/beans
http://www.springframework.org/schema/beans/spring-beans.xsd
http://www.springframework.org/schema/context
http://www.springframework.org/schema/context/spring-
context.xsd">
<context:component-scan base-package="com.packt.
patterninspring.chapter6.bankapp" />
<aop:aspectj-autoproxy />
<bean class="com.packt.patterninspring.chapter6.bankapp.
aspect.Auditing" />
</beans>
```

接下来讨论如何在 Spring XML 配置文件中声明切面。

6.8 使用 XML 配置定义切面

我们都知道,可以在基于 XML 配置 Bean,那么与之相似,也可以在 XML 配置中声明切面。Spring 提供了另一个 AOP 命名空间,它提供了许多 XML 声明的元素,如下表所列。

注　解	XML元素	XML元素的作用
@Before	\<aop:before>	在增强之前定义
@After	\<aop:after>	在增强之后定义
@AfterReturning	\<aop:after-returning>	在返回之后定义增强
@AfterThrowing	\<aop:after-throwding>	在抛出异常之后定义增强
@Around	\<aop:around>	定义环绕增强
@Aspect	\<aop:aspectj>	定义切面
@EnableAspectJAutoProxy	\<aop:aspectj-autoproxy>	使用@AspectJ注解开启注解驱动
@Pointcut	\<aop:pointcut>	定义了一个切入点
--	\<aop:advisor>	定义AOP增强器
--	\<aop:config>	定义顶层AOP元素

从上表可知,AOP 命名空间与基于 Java 配置的注解具有相同的功能。在基于 XML 的配置中看一下相同的示例,先看一下切面类 Auditing 删除掉所有的 AspectJ 注解,代码如下:

```java
package com.packt.patterninspring.chapter6.bankapp.aspect;
    public class Auditing {
        public void validate(){
            System.out.println("bank validate your credentials
            before amount transferring");
        }
        public void transferInstantiate(){
            System.out.println("bank instantiate your amount transferring");
        }
        public void success(){
            System.out.println("bank successfully transferred amount");
        }
        public void rollback() {
            System.out.println("bank rolled back your transferred amount");
        }

    }}
```

上面的代码并不是一个切面类,而只是一个普通的 POJO 类,接下来讨论如何在 XML 中声明增强,代码如下:

```xml
<aop:config>
        <aop:aspect ref="auditing">
        <aop:before pointcut="execution(*
        com.packt.patterninspring.chapter6.bankapp.
        service.TransferService.transfer(..))"
        method="validate"/>
        <aop:before pointcut="execution(*
        com.packt.patterninspring.chapter6.bankapp.
        service.TransferService.transfer(..))"
        method="transferInstantiate"/>
        <aop:after-returning pointcut="execution(*
        com.packt.patterninspring.chapter6.
```

```
        bankapp.service.TransferService.transfer(..))"
        method="success"/>
        <aop:after-throwing pointcut="execution(*
        com.packt.patterninspring.chapter6.bankapp.
        service.TransferService.transfer(..))"
        method="rollback"/>
    </aop:aspect>
</aop:config>
```

<aop:config> 是一个顶级元素，在 <aop:config> 中声明其他元素，如 <aop:aspect> 这个元素具有 ref 属性，这个 ref 属性引用了 Auditing 的 pojo Bean，这个表明 Auditing 是程序的切面类，现在 <aop:aspect> 元素有了增强和切入点，并且所有逻辑都与 Java 配置的逻辑相同。

6.9　Spring 如何创建 AOP 代理

Spring AOP 是基于代理的，这意味着 Spring 用创建代理在目标对象的业务逻辑之间织入切面，这是基于代理模式和装饰器模式，TransferServiceImpl 类作为 TransferService 接口的实现代码如下：

```
package com.packt.patterninspring.chapter6.bankapp.service;
    import org.springframework.stereotype.Service;
    public class TransferServiceImpl implements TransferService {
      @Override
      public void transfer(String accountA, String accountB, Long
      amount) {
        System.out.println(amount+" Amount has been tranfered from
        "+accountA+" to "+accountB);
      }
    }
```

调用方通过对象引用直接调用此服务（transfer() 方法），如图 6.13 所示。

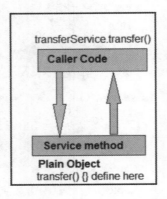

图 6.13　通过对象引用直接调用

从图 6.13 中可以看到,调用者直接调用服务并执行分配给它的任务。

但是,如果将 TransferService 接口声明为切面的目标,那么情况就会有所不同,现在这个由代理和客户端代码封装的类并不直接调用此服务,它调用的是代理路由,如图 6.14 所示。

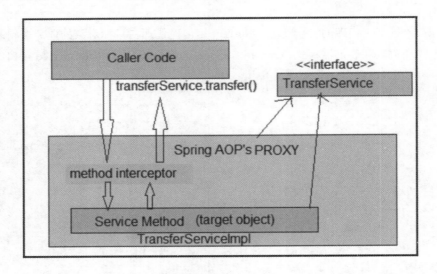

图 6.14　调用代理路由

Spring 会按以下顺序将 AOP 代理应用于对象:

① Spring 创建代理织入切面和目标。

② Proxy 代理实现了目标接口,也就是 TransferService 接口。

③ transfer() 方法的所有调用都通过代理拦截器进行路由。

④ 执行匹配的增强。

⑤ 执行目标方法。

这 5 个步骤就是 Spring 创建代理方法时的流程。

6.10　小　结

本章讲述了 Spring AOP 框架,并在这个模块背后使用了设计模式,AOP 是一个非常强大的范例,它补充了面向对象编程。面向切面编程(AOP)模块化了横切关注点,如日志、安全和事务。一个切面是使用了 @Aspect 注解的 Java 类,它定义了一个包括横切行为的模块,这个模块与应用程序的业务逻辑分离,并且可以在程序中与其他业务模块一起重用它,而不用做任何更改。

在 Spring AOP 中,行为是作为增强方法实现的,在 Spring 中的五种类型:Before、AfterThrowing、AfterReturning、After 和 Around。

第7章 使用 Spring 和 JDBC 模板模式访问数据库

在前面的章节中，了解了 Spring 核心模块，如 Spring IoC 容器，DI 模式还有容器的生命周期，以及如何使用设计模式，也学习了 Spring 如何使用 AOP 来制造魔法。现在我们真正进入具有持久化数据的 Spring 应用领域中。你还记得在大学期间第一次处理数据库的访问吗？那时候我们不得不编写那些无聊的样板代码来加载数据库驱动程序、初始化数据访问框架、打开连接、处理各种异常和关闭连接。在处理这些代码时还要特别注意，如果代码写的不规范就无法建立数据库连接，除了编写实际的 SQL 和业务代码外，还得在如何连接数据库等问题上面花费大量的时间。

我们总是尝试让事情变得更好、更简单，所以就要解决这项烦琐的数据访问工作，而 Spring 为这项工作提供了解决方案，即删除了数据访问代码。Spring 提供了与各种数据访问技术集成的数据访问框架，允许直接使用 JDBC 或者 ORM（对象关系映射）框架，如使用 Hibernate 来保存我们的数据。由 Spring 处理应用程序中数据访问工作的所有底层代码，我们就可以编写 SQL、应用逻辑和管理程序数据，而不用花时间编写用于建立数据库连接和关闭等代码。

现在我们选择任意技术，如 JDBC、Hibernate、Java Persistence API(JPA) 或者其他技术来保存数据，不管选择哪种技术，Spring 都会对这种技术提供必要的支持。在本章中，将探讨 Spring 对 JDBC 的支持，涵盖内容如下：

- 设计数据访问的最佳方法
- 实现模板设计模式
- 传统 JDBC 的问题
- 解决 Spring JdbcTemplate 问题
- 配置数据源
- 使用对象池设计模式来维护数据库连接
- 通过 DAO 模式来抽象数据库访问
- 使用 JdbcTemplate
- JDBC 回调接口
- 在使用程序中配置 JdbcTemplate 的最佳实践

166

在继续讨论关于 JDBC 和模板设计模式之前，首先来看看在分层架构中定义数据访问层的最佳实践。

7.1　设计数据访问的最佳方法

在前面的章节中，Spring 的目标之一是允许通过遵循 OOP 编码原则来开发应用程序,任何企业应用都需要读取数据并且需要将数据写入任意类型的数据库中。为了满足这样的需求,就需要编写持久逻辑。为此我们可以为数据访问和持久性逻辑创建不同的组件,这个组件被称为 DAO(数据访问对象)。在分层应用程序中创建模块的最佳实践,如图 7.1 所示。

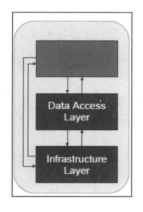

图 7.1　创建模块的最佳实践

正如在图 7.1 中所看到的,许多企业应用程序都由以下三个部分组成:

① 服务层(应用层): 应用层暴露了高级应用功能,如用例和业务逻辑,所有应用服务都在这里定义。

② 数据访问层: 这一层定义了数据存储库的接口(如关系或者 NoSQL 数据库)。

③ 基础结构层: 应用在这一层向其他层暴露底层服务,如使用数据库 URL 和用户凭证来配置数据源等,这些配置都属于这一层。

图 7.1 展示了服务层与数据访问层的协作,为了避免应用逻辑与数据访问逻辑之间的耦合,我们应该通过接口暴露它们的功能,因为接口促进了协作组件之间的分离。如果通过实现接口来使用数据访问逻辑,那么就可以为应用配置特定的数据访问策略,而无需对服务层中的应用逻辑进行任务更改。图 7.2 展示了设计数据访问层的正确方法。

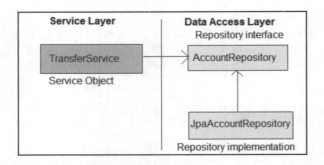

图 7.2　设计数据访问层的正确方法

如图 7.2 所示,应用服务对象(TransferService)自己并不处理数据访问,而是将数据访问委托给存储库,存储库的接口就是 AccountRepository,使其与服务对象松耦合,可以实现这个接口来进行 JPA 的具体实现(JpaAccountRepository)和 JDBC 的具体实现(JdbcAccountRepository)。

在分层架构中,Spring 不仅提供了组件在不同分层之间的松耦合,还能管理企业分层架构应用中的资源。接下来讨论 Spring 是如何管理资源,以及 Spring 使用什么设计模式来解决资源管理问题。

7.1.1　资源管理问题

让我们借助一个例子来理解资源管理问题,在某个时间我们从网上订购比萨,从订购比萨到交付成功,这里面涉及哪些步骤呢?

首先我们去比萨公司的在线门户网站选择比萨饼的大小和配料,接着下单和结账,然后由距离我们最近的比萨店接受订单,他们为我们准备好了比萨,也放上了相应的配料,再由比萨公司负责制作并送货上门。我们只有在需要的时候才会参与进来,其他步骤都是由比萨公司负责。在这个例子中,管理整个过程涉及了很多步骤,我们还需要将相应的资源分配给每个步骤,以便将其视为完整的任务而不会中断流程,如果有一个强大的设计模式和模板方法模式应用在这个场景中将是非常完美的。Spring 框架基于模板方法模式进行了实现,以便在应用的 DAO 层来处理这个场景。如果不使用 Spring,而改动传统的应用开发方式将要面临哪些问题。

在传统的应用程序中,使用 JDBC API 来访问数据库中的数据,这是一个简单的应用程序,需要执行以下步骤:

① 定义连接参数。

② 访问数据源,并建立连接。

③ 开始事务。

④ 指定 SQL 语句。

⑤ 声明参数，提供参数值。

⑥ 准备执行语句。

⑦ 设置循环以遍历结果。

⑧ 为每个循环设置工作：执行业务逻辑。

⑨ 处理异常。

⑩ 提交或回滚事务。

⑪ 关闭连接、语句和结果集。

7.1.2 实现模板模式

在操作中定义算法的骨架，将一些步骤或者实现推迟到子类，模板方法允许子类重新定义算法中的某些步骤或实现而不用改变算法的结构。

在第3章中已讨论了模板模式，考虑了结构与行为模式，它被广泛地使用，属于 GoF 设计模式系列中的结构设计模式。此模式定义了算法的骨架，但是细节将留给以后实现。这种模式隐藏了大量的样板代码。Spring 提供了很多模板类，如 JdbcTemplate、JmsTemplate、RestTemplate 和 WebService-Template。在一般情况下这种模式隐藏了在前面比萨例子中讨论的底层资源管理。

在这个例子中，从在线门户网站订购到送货上门的比萨饼，比萨店对每个客户都按照流程执行，如下单、备货，根据客户的需求添加配料，并根据客户的地址送货上门。我们先将这些行为定义为步骤，然后再将这些步骤定义为特定算法，最后由系统实现对应的算法。

Spring 实现了这个模式来访问数据库中的数据，在数据库或是其他的一些技术中有一些通用的步骤，如数据库的连接，处理事务，处理异常以及每个数据访问的过程中所需要的一些清理操作。除了通用的步骤之外，还有一些步骤是根据应用需求动态的，开发人员可以定制这些步骤。Spring 允许将数据访问过程中通用部分和动态部分进行分离，分离成模板和回调部分，所有通用的步骤都在模板下，所有动态定制步骤都在回调下。图 7.3 详细介绍了这两个部分。

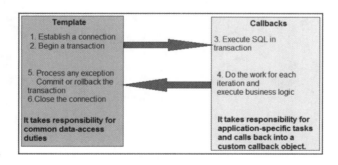

图 7.3 通过模板方法模式实现模板分离

如图 7.3 所示,数据访问过程中的通用固定部分都被 Spring 包装成模板类,如打开和关闭连接,打开和关闭语句,处理异常和资源管理。而其他步骤(如写 SQL,声明连接参数等)都是回调的一部分,回调由开发人员来处理。

Spring 提供了几种 Template 模式的实现,比如 JdbcTemplate、JmsTemplate、RestTemplate 和 WebServiceTemplate,但在本章中我们只介绍 JDBC API 在 JdbcTemplate 中的实现。这里,还有另外一个类 JdbcTemplate-NamedParameterJdbcTemplate,它包装了 JdbcTemplate 以便提供命名参数而不是传统的 JDBC 问号占位符。

传统 JDBC 问题

以下是使用传统 JDBC API 时必须要面对的问题。

易错代码导致的冗余结果:传统的 JDBC API 需要使用大量的烦琐代码来处理数据访问层,连接数据库并进行查询的代码如下:

```
public List<Account> findByAccountNumber(Long accountNumber) {
        List<Account> accountList = new ArrayList<Account>();
        Connection conn = null;
        String sql = "select account_name,
        account_balance from ACCOUNT where account_number=?";
        try {
            DataSource dataSource = DataSourceUtils.getDataSource();
            conn = dataSource.getConnection();
PreparedStatement ps = conn.prepareStatement(sql);
            ps.setLong(1, accountNumber);
            ResultSet rs = ps.executeQuery();
            while (rs.next()) {
              accountList.add(new Account(rs.getString(
                "account_name"), ...));
            }
        } catch (SQLException e) { /* what to be handle here? */ }
        finally {
          try {
            conn.close();
          } catch (SQLException e) { /* what to be handle here ?*/ }
        }
```

```
        return accountList;
    }
```

这段代码在处理 SQLException 的时候效率低下,开发人员不知道需要在这里具体做什么。现在让我们看看传统 JDBC 代码中的另一个问题。

导致异常处理不良:在上面的代码中,程序中的异常处理非常糟糕,开发人员不知道在这里要处理哪些异常,SQLException 是一个受检异常,这意味着要强制开发人员处理异常。如果不能处理这个异常,则必须要抛出异常。处理异常其实是一种较为糟糕的方式,这就要求不是所有的方法都必须要抛出异常,这是一种紧耦合的方式。

Spring 的 JdbcTemplate 解决了上面列出的问题,JdbcTemplate 极大地简化了 JDBC API 的使用,并消除了重复的样板代码。它避免了会造成 bug 的常见问题,在不牺牲功能的情况下正确处理了 SQLExceptions,并对标准 JDBC 的结构进行访问。让我们看一下使用 Spring JdbcTemplate 类来解决问题的例子。

使用 JdbcTemplate 在程序中删除冗余代码:假设我们要统计银行账户,代码如下:

```
int count = jdbcTemplate.queryForObject("SELECT COUNT(*)  FROM ACCOUNT",
          Integer.class);
```

如果想访问指定用户的账户列表,代码如下:

```
List<Account> results = jdbcTemplate.query(someSql,
    new RowMapper<Account>() {
      public Account mapRow(ResultSet rs, int row) throws
      SQLException {
        // map the current row to an Account object
      }
});
```

对比之前用传统 JDBC API 所写的代码,可以发现我们不需要编写打开和关闭数据库连接,用于准备执行查询的语句代码等。

数据访问异常:Spring 提供了统一的异常层次结构用于处理特定的异常,如 SQLException 异常类结构中,以 DataAccessException 作为根异常。Spring 将这些原始异常封装到不同的 unchecked 异常中,Spring 不会强迫开发人员必须处理这些异常,通过提供的 DataAccessException 层次结构来隐藏使用的是 JDBC、Hibernate、JPA 还是类似的,这个异常层次结构是一个子异常结构。Spring Data Access Exception 的类层次结构如图 7.4 所示。

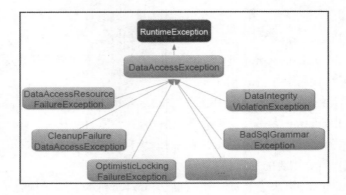

图 7.4　类层次结构

如图 7.4 所示,DataAccessException 继承了 RuntimeException,也就是说,它也是一个非受检异常,在程序中 unchecked 异常可以抛出一直到适合处理它的地方,好处是这中间经过的方法并不知道这个异常。

在 Spring 程序中声明模板和存储库之前,首先要讨论如何使用数据源配置 Spring 以连接数据库。

7.2　配置数据源和对象池模式

在 Spring 框架中,DataSource 是 JDBC API 的一部分,它提供了到数据库的连接,隐藏了许多用于连接池、异常处理和事务管理问题的样板代码,作为开发人员只需要关注业务逻辑,而不需要担心连接池、异常处理和管理事务。

在项目中可以通过多种方式创建数据源和使用 JDBC 驱动来创建数据源,但它并不是在生产环境中的最佳创建方式,由于性能是应用程序开发过程中非常关键的问题之一,所以 Spring 采用了对象池模式,以非常高效的方式为应用程序提供了数据源。对象池模式想说明的是,创建对象比重用对象要昂贵。

Spring 允许实现对象池模式,以后在程序中重用数据源对象,可以使用应用服务器和容器管理池(JNDI),也可以使用第三方类库(如 DBCP、c3p0 等)创建容器,这些都有助于更好地管理可用的数据源。

在 Spring 应用程序中,有如下几种方式可以配置数据源:

- 使用 JDBC 驱动来连接数据源
- 实现对象池模式以提供数据源对象
- 使用 JNDI 配置数据源

● 使用连接池配置数据源

● 实现建造者模式来创建嵌入式数据源

接下来讨论如何在 Spring 应用中配置一个数据源 Bean。

7.2.1　使用 JDBC 驱动来配置一个数据源

使用 JDBC 驱动来配置数据源 bean，是 Spring 中最简单的数据源。Spring 默认提供了如下三个数据源类：

① DriverManagerDataSource：始终为每一个请求创建新的连接。

② SimpleDriverDataSource：类似于 DriverManagerDataSource，只不过是与 JDBC 驱动一起使用。

③ SingleConnectionDataSource：每次请求都返回相同的连接，但它不是连接池数据源。

使用 DriverManagerDataSource 配置数据源的代码示例如下。

基于 Java 代码：

```
DriverManagerDataSource dataSource = new DriverManagerDataSource();
dataSource.setDriverClassName("org.h2.Driver");
dataSource.setUrl("jdbc:h2:tcp://localhost/bankDB");
dataSource.setUsername("root");
dataSource.setPassword("root");
```

基于 XML 配置：

```
<bean id="dataSource"
        class="org.springframework.jdbc.datasource
        .DriverManagerDataSource">
        <property name="driverClassName" value="org.h2.Driver"/>
        <property name="url" value="jdbc:h2:tcp://localhost/bankDB"/>
        <property name="username" value="root"/>
        <property name="password" value="root"/>
</bean>
```

上面定义的数据源其实是非常简单的数据源，我们可以在开发环境中使用它，但它并不适合在生产环境中使用，我个人更喜欢使用 JNDI 来配置生产环境数据源。

实现对象池设计模式来提供数据源对象，通过使用 JNDI 配置数据源。在 Spring 应用程序中，可以用 JNDI 来查找配置数据源，Spring 提供了一个名称空间元素 <jee:jndi-lookup>，让我们看一下配置代码。

基于 XML 的配置如下：

```
<jee:jndi-lookup id="dataSource"    jndi-name="java:comp/env/jdbc/datasource" />
```

基于 Java 配置代码如下：

```
@Bean
public JndiObjectFactoryBean dataSource() {
  JndiObjectFactoryBean jndiObject = new JndiObjectFactoryBean();
  jndiObject.setJndiName("jdbc/datasource");
  jndiObject.setResourceRef(true);
  jndiObject.setProxyInterface(javax.sql.DataSource.class);
  return jndiObject;
}
```

像 Websphere 或 Jboss 及类似的应用服务器允许我们配置，通过 JNDI 准备的数据源，甚至像 Tomcat 这样的 Web 容器也允许配置 JNDI 数据源。由这些服务器来管理数据源是非常不错的，这样数据源的性能会得到提升，而且还可以在应用程序外部进行管理，通过检索 JNDI 来配置数据源是最佳的方式之一。如果无法在生产环境中通过 JNDI 进行检索，则可以选择另一个更好的方式。

7.2.2　使用连接池来配置数据源

数据库连接池的开源组件如下：
- Apache commons DBCP
- c3p0
- BoneCP

下面的代码是配置 DBCP 的 BasicDataSource。

基于 XML 的配置方式：

```
<bean id="dataSource"
        class="org.apache.commons.dbcp.BasicDataSource"
         destroy-method="close">
        <property name="driverClassName" value="org.h2.Driver"/>
        <property name="url" value="jdbc:h2:tcp://localhost/bankDB"/>
        <property name="username" value="root"/>
        <property name="password" value="root"/>
        <property name="initialSize" value="5"/>
```

```
          <property name="maxActive" value="10"/>
</bean>
```

基于 Java 的配置方式：

```
@Bean
public BasicDataSource dataSource() {
        BasicDataSource dataSource = new BasicDataSource();
        dataSource.setDriverClassName("org.h2.Driver");
        dataSource.setUrl("jdbc:h2:tcp://localhost/bankDB");
        dataSource.setUsername("root");
        dataSource.setPassword("root");
        dataSource.setInitialSize(5);
        dataSource.setMaxActive(10);
        return dataSource;
}
```

通过上述代码可以看到，还有很多其他的属性是给连接池提供的，接下来列出一些 Spring 中 BasicDataSource 类的属性：

- initialSize：连接池初始化时创建的连接数。
- maxActive：连接池初始化时可以分配的最大连接数，如果此值为 0 表示没有限制。
- maxIdle：连接池可以空闲的最大连接数，这些连接不会被释放，如果设置此值为 0 表示没有限制。
- maxOpenPreparedStatements：在连接池初始化时可以从语句池分配的最大预准备语句数，如果将此值设置为 0，则表示无限制。
- maxWait：在抛出异常之前，连接池等待连接被回收的最长时间，如果将此值设置为 1，则表示无限期等待。
- minEvictableIdleTimeMillis：保持连接空闲，而不被驱逐的最长时间。
- minIdle：在不新建连接的前提下，池中保持空闲的最小连接数。

7.3　实现建造者模式创建嵌入式数据源

在程序开发的过程中，嵌入式数据库非常有用，因为不需要连接单独的数据库服务器。Spring 为嵌入式数据库提供了另一个数据源，它对于生产环境来说不够强大，但可以将它用在开发和测试环境中。在 Spring 中，JDBC 命名空间配置嵌入式数据库 H2，如下所示。

在 XML 配置,H2 的配置如下:

```xml
<jdbc:embedded-database id="dataSource" type="H2">
        <jdbc:script location="schema.sql"/>
        <jdbc:script location="data.sql"/>
</jdbc:embedded-database>
```

在 Java 中,H2 的配置如下:

```java
@Bean
public DataSource dataSource(){
        EmbeddedDatabaseBuilder builder = new EmbeddedDatabaseBuilder().
        setType(EmbeddedDatabaseType.H2);
        builder.addScript("schema.sql");
        builder.addScript("data.sql");
        return builder.build();
}
```

通过上述代码可以看到,Spring 提供了 EmbeddedDatabaseBuilder 类,这个类实现了建造者模式来创建 EmbeddedDatabaseBuilder 类对象。

使用 DAO 模式抽象数据库访问

数据访问层作为业务层和数据库之间的切面,数据访问取决于业务调用,也取决于数据的来源,如数据库、文件和 XML 等,因此可以提供一个接口来抽象所有的访问,这就是数据访问对象模式,从应用程序的角度看,访问关系数据库或使用 DAO 解析 XML 文件没有任务区别。

在早期的版本中,EJB 提供了由容器管理的实体 Bean,它们是分布式的、安全的和事务性的组件,这些 Bean 对客户端非常透明,也就是说,对于应用程序中的服务层,它们具有自动持久性而不需要关心底层数据库,大多数据情况下,程序不需要这些实体 Bean 提供的功能,因为需要将数据保存到数据库中,因此实体 Bean 提供的一些非必需功能的增加,而且程序的性能也受到了影响,那个时候实体 Bean 需要在 EJB 容器中运行,导致了它难以测试。

总之,如果使用的是传统的 JDBC API 或者更早期版本的 EJB,那么程序可能会面临以下一些问题:

- 在传统的 JDBC 应用程序中,将业务逻辑层与持久逻辑合并。
- 持久层和 DAO 层对于服务层或业务层不一致,但 DAO 对于应用程序中的服务层应该是一致的。
- 在传统的 JDBC 应用程序中,必须要处理很多样板代码,如打开与关闭连接,准备语句,处理异常等,这些降低了可重用性,增加了开发时间。

- 在 EJB 中,实体 Bean 被创建,这增加了应用的开销,而且难以测试。

7.4　带有 Spring 框架的 DAO 模式

Spring 提供了一个功能全面的 JDBC 模块来设计和开发基于 JDBC 的 DAO。应用程序中的这些 DAO 负责 JDBC API 的样板代码,有助于为数据访问提供一致的 API。在 Spring JDBC 中,DAO 层是访问业务层数据的通用对象。它为业务层的服务提供了一致的接口。DAO 类的主要目标是从业务层的服务中抽象出底层数据的访问逻辑。

在之前的例子中,我们看到了比萨公司如何帮助我们理解资源管理问题,现在我们将继续使用银行应用程序,看看如何在应用程序中实现 DAO 的例子。假设在银行程序中,需要城市分行中的账户总数,为此我们为 DAO 创建一个接口,如前所述,我们把程序提升至接口级别,这是设计原则的最佳实践之一,这个 DAO 接口将在业务层注入服务,可以根据程序的底层数据库创建一些具体的接口实现类,这就表示 DAO 层与业务层要保持一致,来创建一个 DAO 接口,代码如下:

```
package com.packt.patterninspring.chapter7.bankapp.dao;
    public interface AccountDao {
        Integer totalAccountsByBranch(String branchName);
    }
```

使用 Spring 的 JdbcDaoSupport 类来做 DAO 接口的具体实现:

```
package com.packt.patterninspring.chapter7.bankapp.dao;
import org.springframework.jdbc.core.support.JdbcDaoSupport;


    public class AccountDaoImpl extends
    JdbcDaoSupport implements AccountDao {
        @Override
        public Integer totalAccountsByBranch(String branchName) {
            String sql = "SELECT count(*) FROM Account WHERE branchName
            = "+branchName;
            return this.getJdbcTemplate().queryForObject(sql, Integer.class);
} }
```

从上述代码可看到,AccountDaoImpl 类实现了 AccountDao 接口,并且继承了 Spring 的 JdbcDaoSupport 类以简化基于 JDBC 的开发,这个类通过使用 getJdbcTemplate() 方法为子类提供

JdbcTemplate。JdbcDaoSupport 类与数据源关联，并提供 JdbcTemplate 对象给 DAO 使用。

7.4.1　使用 JdbcTemplate

如前所述，Spring 的 JdbcTemplate 解决了应用程序中的两个主要问题，即冗余代码问题和数据访问的不良异常的处理问题。如果没有使用 JdbcTemplate，则查询相关的代码需要 20% 左右的代码量，但剩余 80% 的代码是处理异常和管理资源的样板代码；如果使用 JdbcTemplate 则不需要关心这 80% 的样板代码，简而言之，Spring 的 JdbcTemplate 负责以下技术点：

- 获取连接
- 参与事务
- 执行语句
- 结果集的处理
- 处理异常
- 释放连接

接下来讨论在程序中何时使用 JdbcTemplate，如何来创建它。

7.4.2　何时使用 JdbcTemplate

JdbcTemplate 在独立的应用中非常有用，而且在使用 JDBC 任务时都非常有用，它非常适用于清理原有程序的混乱代码。此外，在分层应用中，也可以实现存储库和数据访问对象。接下来讨论如何在应用中创建它。

在应用中创建 JdbcTemplate

如果要创建一个 JdbcTemplate 对象来访问 Spring 应用的数据，要记住需要使用 DataSource 来创建数据库连接。创建一个 template 然后重用它，不要为每个线程都创建一个，它在构造后线程是安全的。

```
JdbcTemplate template = new JdbcTemplate(dataSource);
```

在 Spring 中使用 @Bean 注解来配置 JdbcTemplate Bean：

```
@Bean
public JdbcTemplate jdbcTemplate(DataSource dataSource) {
    return new JdbcTemplate(dataSource);
}
```

在上述代码中,使用构造函数注入的方式,将 DataSource 注入 JdbcTemplate,DataSource 的 Bean 可以是 javax.sql.DataSource 的任何实现。接下来讨论如何基于存储库,使用 JdbcTemplate Bean 访问程序中的数据库。

实现基于 JDBC 的存储库

使用 JdbcTemplate 类来具体实现 Spring 应用程序中的存储库,代码如下:

```java
package com.packt.patterninspring.chapter7.bankapp.repository;
    import java.sql.ResultSet;
    import java.sql.SQLException;
    import javax.sql.DataSource;
    import org.springframework.jdbc.core.JdbcTemplate;
    import org.springframework.jdbc.core.RowMapper;
    import org.springframework.stereotype.Repository;
    import com.packt.patterninspring.chapter7.bankapp.model.Account;
    @Repository
    public class JdbcAccountRepository implements AccountRepository{
      JdbcTemplate jdbcTemplate;
      public JdbcAccountRepository(DataSource dataSource) {
super();
        this.jdbcTemplate = new JdbcTemplate(dataSource);
      }

@Override
    public Account findAccountById(Long id){
        String sql = "SELECT * FROM Account WHERE id = "+id;
        return jdbcTemplate.queryForObject(sql,
          new RowMapper<Account>(){
            @Override
            public Account mapRow(ResultSet rs, int arg1) throws
            SQLException {
            Account account = new Account(id);
            account.setName(rs.getString("name"));
            account.setBalance(new Long(rs.getInt("balance")));
```

```
                        return account;
            }
        });
        }
    }
```

在上述代码中,DataSource 通过 JdbcAccountRepository 类的构造方法注入,通过这个 Data-Source,创建了一个能访问数据的 JdbcTemplate,JdbcTemplate 提供了以下方法用来访问数据库。

- queryForObject(..)：这是对简单的 java 类型（如 int、long、String、Date 等）和自定义对象的查询。
- queryForMap(..)：当需要查询一行时使用,JdbcTemplate 将 ResultSet 的每一行作为 Map 返回。
- queryForList(..)：当需要查询多行时使用。

请注意,Spring 3.2 以后 queryForInt 和 queryForLong 已经被弃用,可以使用 queryForObject 来代替（在 Spring 3 中改进了 API）。

通过将数据映射为领域对象,如最后的代码是将 ResultSet 映射为 Account 对象,Spring JdbcTemplate 通过回调函数支持这一功能。接下来讨论 JDBC 回调接口。

1. JDBC 回调接口

Spring 为 JDBC 提供了三个回调接口：

实现 RowMapper：Spring 提供了一个 RowMapper 接口,用于将 ResultSet 中的每一行映射成对象,它可以用于单行和多行查询,从 Spring 3 开始实现参数化,代码如下：

```
public interface RowMapper<T> {
        T mapRow(ResultSet rs, int rowNum)
        throws SQLException;
}
```

2. 创建 RowMapper 类

在下面的例子中,类 AccountRowMapper 实现了 RowMapper 接口,代码如下：

```
package com.packt.patterninspring.chapter7.bankapp.rowmapper;
        import java.sql.ResultSet;
        import java.sql.SQLException;
        import org.springframework.jdbc.core.RowMapper;
```

```
        import com.packt.patterninspring.chapter7.bankapp.model.Account;
        public class AccountRowMapper implements RowMapper<Account>{
          @Override
          public Account mapRow(ResultSet rs, int id) throws SQLException {
            Account account = new Account();
            account.setId(new Long(rs.getInt("id")));
            account.setName(rs.getString("name"));
            account.setBalance(new Long(rs.getInt("balance")));
            return account;

          }}
```

在上述代码中,类 AccountRowMapper 将 ResultSet 中的行映射为领域对象,这个行映射类实现了 Spring JDBC 模块的 RowMapper 回调接口。

使用 JdbcTemplate 查询单行:

```
public Account findAccountById(Long id){
        String sql = "SELECT * FROM Account WHERE id = "+id;
        return jdbcTemplate.queryForObject(sql, new AccountRowMapper());
}
```

这里不需要为 Account 对象做类型转换,AccountRowMapper 对象将行映射到 Account 对象中。

使用 JdbcTemplate 查询多行:

```
public List<Account> findAccountById(Long id){
        String sql = "SELECT * FROM Account ";
        return jdbcTemplate.queryForList(sql, new AccountRowMapper());
}
```

当 ResultSet 中的每一行都映射到领域对象时,RowMapper 是比较好的选择。

3. 实现 RowCallbackHandler 接口

当没有对象返回时,Spring 提供了一个更简单的 RowCallbackHandler 接口。用于将每一行的流输出到文件,或者转换为 XML,并在添加到集合前对它们进行过滤。但是在 SQL 中的过滤效率要高的多,而且对于大型查询来说,比 JPA 的过滤速度也要快,代码如下:

```
public interface RowCallbackHandler {
```

```
            void processRow(ResultSet rs) throws SQLException;
}
package com.packt.patterninspring.chapter7.bankapp.callbacks;
import java.sql.ResultSet;
import java.sql.SQLException;
import org.springframework.jdbc.core.RowCallbackHandler;
public class AccountReportWriter implements RowCallbackHandler {
        public void processRow(ResultSet resultSet) throws SQLException{
// parse current row from ResultSet and stream to output
        //write flat file, XML
}
}
```

在上述代码中,创建了 RowCallbackHandler 实现,AccountReportWriter 实现了此接口并处理数据库返回的结果。如何使用 AccountReportWriter 进行回调,代码如下:

```
@Override
public void generateReport(Writer out, String branchName) {
        String sql = "SELECT * FROM Account WHERE branchName =
"+
        branchName;
        jdbcTemplate.query(sql, new AccountReportWriter());
}
```

每一行的回调方法不返回值时,尤其对于大型查询,RowCallbackHandler 是最佳选择。

4. 实现 ResultSetExtractor

Spring 提供了 ResultSetExtractor 接口,用于一次处理整个 ResultSet,在这里负责迭代 ResultSet,如将 ResultSet 映射为单个对象,接口定义如下:

```
public interface ResultSetExtractor<T> {
        T extractData(ResultSet rs) throws SQLException,
        DataAccessException;
}
```

使用 ResultSetExtractor 的例子:

```
package com.packt.patterninspring.chapter7.bankapp.callbacks;
```

```
import java.sql.ResultSet;
import java.sql.SQLException;
import java.util.ArrayList;
import java.util.List;
import org.springframework.dao.DataAccessException;
import org.springframework.jdbc.core.ResultSetExtractor;
import com.packt.patterninspring.chapter7.bankapp.model.Account;
public class AccountExtractor implements ResultSetExtractor<List<Account>> {
        @Override
        public List<Account> extractData(ResultSet resultSet)
        throws SQLException, DataAccessException {
          List<Account> extractedAccounts = null;
          Account account = null;
          while (resultSet.next()) {
            if (extractedAccounts == null) {
              extractedAccounts = new ArrayList<>();
              account = new Account(resultSet.getLong("ID"),
                resultSet.getString("NAME"), ...);
            }
            extractedAccounts.add(account);
          }
          return extractedAccounts;
        }
}
```

上面的类 AccountExtractor 实现了接口 ResultSetExtractor，它用于将数据库返回结果集创建成一个对象。如何在程序中使用这个类，代码如下：

```
public List<Account> extractAccounts() {
        String sql = "SELECT * FROM Account";
        return jdbcTemplate.query(sql, new AccountExtractor());
}
```

上述代码负责访问银行的所有账户，并使用 AccountExtractor 准备账户列表，而 AccountExtractor 实现了 ResultSetExtractor 接口。

当 ResultSet 的多行数据映射单个对象时，ResultSetExtractor 是最佳的选择。

7.5 配置 JdbcTemplate 的最佳实践

配置的 JdbcTemplate 类实例的线程是安全的,代码如下:

```
@Repository
public class JdbcAccountRepository implements AccountRepository{
    JdbcTemplate jdbcTemplate;
    public JdbcAccountRepository(DataSource dataSource) {
super();
        this.jdbcTemplate = new JdbcTemplate(dataSource);
    }
//... }
```

如果希望在开发应用程序时配置嵌入式数据库,作为最佳实践,将始终为嵌入式数据库分配一个唯一生成的名称。这是因为在 Spring 容器中,通过配置 javax.sql.DataSource 类型的 Bean 可以使用嵌入式数据库,并且数据源 Bean 被注入数据访问对象。

使用对象池有两种方法。

① 连接池:允许池管理在连接关闭后,将其保留在池中。

② 语句池:允许驱动程序重用准备好的语句对象。

7.6 小 结

没有数据的应用就像没有燃料的汽车,数据是应用程序的核心,有些应用程序可能存在于没有数据的世界中,这些应用只局限于展示,如静态的博客等,数据是应用程序的重要组成部分,我们需要为应用程序开发数据访问代码,此代码应该非常简单、健壮并且能够自定义。

在传统的 Java 应用程序中,可以使用 JDBC 来访问数据,这是最基本的方式。但有的时候定义规范、处理异常、建立数据库连接和加载驱动程序等都非常混乱,Spring 简化了这些事情,我们只需要编写需要执行的 SQL,剩下的由 Spring 框架来管理。

本章我们已经学习了 Spring 如何在后端为数据访问和数据持久提供支持,虽然 JDBC 很有用,但直接使用 JDBC API 是一项烦琐且容易出错的任务,JdbcTemplate 简化了数据访问,Spring 的数据访问采用分层架构原则,更高层不应该了解数据管理,通过数据访问异常来隔离了 SQLException 异常,并创建了一个层次结构,使其更容易管理。

在下一章,我们将继续讨论 ORM 框架的数据访问和持久,如 Hibernate 和 JPA 等。

第8章 使 Spring ORM 访问数据库和事务的实现模式

在第 7 章中，我们学习了如何使用 JDBC 访问数据库以及 Spring 如何使用模板模式和利用回调机制将程序中的样板代码删除，本章将进一步学习如何使用 ORM 框架访问数据库并管理程序中的事务。

当我的儿子阿纳夫一岁半的时候，他经常玩一部玩具手机，但随着他的成长，他也越来越需要一部真正的智能手机。

类似地，当程序为业务层提供的数据不复杂时，JDBC 确实能应付这样的工作，但随着业务越来越复杂，将表映射到领域对象就变得较为困难了，对于这种解决方案，需要将对象属性映射到数据库列的对象关系映射解决方案，还需要在数据访问层为应用程序提供更复杂的平台。这些平台独立于具体数据库而创建查询和语句，还可以以声明方式和编码方式来定义。

许多 ORM 框架可以为应用程序的数据访问层提供服务，这些服务包括对象关系映射、懒加载数据、急加载数据和级联等。这些 ORM 服务使我们不用编写大量的代码来进行错误处理，也不需要管理应用程序中的资源，ORM 框架减少了开发时间，并有助于编写没有 bug 的代码，只需要关注业务即可。Spring 没有提供自己的 ORM 解决方案，但它为许多第三方框架提供了支持，如 Hibernate 和 JPA、iBATIS 和 JDO 等。Spring 还为 ORM 框架提供了集成点，方便在 Spring 程序中轻松集成 ORM 框架。

本章将探讨 Spring 对 ORM 解决方案的支持，涵盖以下主题：
- ORM 框架和使用的模式
- 数据访问对象模式
- 在 Spring 中使用工厂模式创建 DAO
- 数据映射模式
- 领域模型模式
- 懒加载模式代理
- Hibernate 模板模式
- Hibernate 与 Spring 集成
- 在 Spring 容器中配置 Hibernate 的 SessionFactory

- 基于 Hibernate API 实现 DAO
- 在 Spring 中的事务管理策略
- 声明式事务的实现和边界
- 编程事务的实现和边界
- Spring ORM 和事务模块的最佳实践

在继续讨论更多 ORM 框架的信息之前，先看看数据访问层（DAL）中用到的一些模式。

8.1 ORM 框架和使用的模式

Spring 为几个 ORM 框架提供支持，如 Hibernate、JPA、iBATIS 和 JDO，在程序中可以使用任何 ORM 解决方案，这样就可以轻松地以 POJO 对象的形式对关系数据库进行数据的读取和访问。Spring ORM 模块是之前讨论的 Spring JDBC DAO 模块的扩展，Spring 提供 ORM 模板，如 JDBC 模板，在集成层或者数据访问层工作。以下是 Spring 框架支持的 ORM 框架和集成：

- Hibernate
- Java Persistence API
- Java Data Objects
- iBATIS
- 数据访问对象实现
- 事务策略

在程序中，可以使用 Spring 依赖注入功能配置 ORM 解决方案，Spring 还为应用的 ORM 层添加了增强功能。以下是使用 Spring 框架创建 ORM DAO 的好处。

- 更容易开发和测试：Spring 的 IoC 容器管理 ORM DAO 的 Bean，可以使用 Spring 依赖注入功能切换 DAO 接口的实现，而且还可以很容易地测试与数据持久相关的代码。
- 通用数据访问异常：Spring 提供了一致的数据异常层次结构来处理持久层的异常，它包装了 ORM 工具所有受检异常，并将这些异常转换为非受检异常，这些异常与其他 ORM 工具无关，是针对数据库的。
- 资源管理：资源如 DataSource，DB 连接，Hibernate SessionFactory 和 JPA EntityManagerFactory 等，Spring 也使用 JTA 来管理本地和全局事务。
- 集成事务管理：Spring 在程序中提供了声明式和编程式事务管理，对于声明式事务管理，可以使用注解 @Transactional。

Spring 与 ORM 解决方案集成的主要方法是对应用层解耦，即业务层和数据访问层，还是明确的应用分层，并且独立于任务特定的数据库和事务。程序中的业务服务不再依赖于数据访问和特定事务策略。由于 Spring 管理集成层中的资源,因此无须查找特定数据访问技术的资源,Spring 为 ORM 解决方案提供模板以删除样板代码,并为 ORM 解决方案提供一致的方法。

在第 7 章使用 Spring 和 JDBC 模板模式访问数据库中,我们了解了 Spring 如何解决应用中的两个主要问题:第一个问题用于管理程序中的冗余代码,第二个问题是开发时处理程序中的受检异常。同样的,Spring ORM 模块也为这两个问题提供了解决方案。

1. 资源和事务管理

在 Spring JDBC 模块中 JdbcTemplate 负责管理连接处理、语句处理和异常处理等资源,它还可以将数据库的 SQL 错误码转换为有意义的非受检异常,Spring ORM 模块也是如此:Spring 使用事务管理器来管理程序的本地和全局事务,Spring 为所支持的 ORM 框架提供事务管理器,如为 Hibernate 提供 Hibernate 事务管理器,为 JPA 提供 JPA 事务管理器,为全局或者分布式事务提供了 JTA 支持。

2. 一致的异常处理和转换

在 Spring JDBC 模块中,Spring 提供了 DataAccessException 来处理所有类型的数据库 SQL 错误码,并生成有意义的异常类。在 Spring ORM 模块中,Spring 支持多个 ORM 技术框架的集成,这些技术框架也提供了自己的本地异常类,如 HibernateException、PersistenceException 或 JDOException 等,ORM 框架的这些异常都是非受检的异常,所以程序中并没有强制要求处理它们,Spring 在 ORM 框架中提供了统一的方法,不需要为 ORM 框架实现特定的代码,通过使用 @Repository 注解启用异常转换。如果 Spring 程序中的类都使用了这个注解,那么这些类就可以使用 DataAccessException 异常转换,代码如下:

```
@Repository
public class AccountDaoImpl implements AccountDao {
    // class body here...

}

<beans>
    <!-- Exception translation bean post processor -->
    <bean class="org.springframework.dao.annotation.
    PersistenceExceptionTranslationPostProcessor"/>
    <bean id="accountDao" class="com.packt.patterninspring.
    chapter8.bankapp.dao.AccountDaoImpl"/>
</beans>
```

PersistenceExceptionTranslationPostProcessor 这个类是一个 Spring 的后置处理器,它会自动搜索所有有异常转换器,并且通知在 Spring 容器中使用了 @Repository 注解的注册 Bean,将异常转换器应用于这些带 @Repository 注解的 Bean,转换器可以拦截抛出的异常并进行适当转换。

Spring ORM 模块中有更多的设计模式,它们为企业应用程序的集成提供了最佳解决方案。

8.2 数据访问对象模式

数据访问对象(DAO)模式在 J2EE 应用的持久层中是比较流行的设计模式,它将业务层和持久层分开,DAO 模式是基于面向对象的封装和抽象原则,DAO 模式的 context 是用来访问和存储数据的,具体取决于底层实现和存储类型使用 DAO 模式,我们可以创建一个 DAO 接口,然后实现这个接口来访问数据源,这些 DAO 实现了数据库资源的管理,如与数据源的连接等。

DAO 接口对于所有底层数据源机制都非常通用,不需要为底层持久框架的更改而更改。DAO 模式如图 8.1 所示。

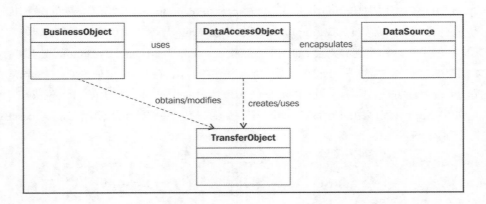

图 8.1　DAO 模式

以下的参与者可以使用这个模式:

● BussinessObject:这个对象适用于业务层,是数据访问层的客户端,用于业务建模,以及为应用的 Controller 准备 Java 对象。

● DataAccessObject:这是 DAO 模式主要的对象,隐藏了 BussinessObject 的所有底层数据库实现。

● DataSource:这是一个包含底层数据库实现的对象。

● TransferObject:这个对象被用作数据载体,主要用于 DataAccessObject 将数据返回给 BussinessObject。

下面是 DAO 模式的例子,其中 AccountDao 是 DataAccessObject 的接口,而 AccountDaoImpl 是 AccountDao 接口的实现类:

```java
public interface AccountDao {
        Integer totalAccountsByBranch(String branchName);
}
public class AccountDaoImpl extends JdbcDaoSupport implements  AccountDao{
        @Override
        public Integer totalAccountsByBranch(String branchName) {
            String sql = "SELECT count(*) FROM Account WHERE branchName
            ="+branchName;
            return this.getJdbcTemplate().queryForObject(sql, Integer.
            class);
        }
}
```

8.2.1 Spring 使用工厂模式创建 DAO

众所周知,在 Spring 中应用了非常多的设计模式,就像在第 2 章(GoF 设计模式概述:核心设计模式)所讨论的,工厂模式是一种创建设计模式,它用来创建对象而不用暴露创建逻辑给外面,使用工厂模式的公共接口或者抽象类向调用者分配一个新的对象。使用工厂模式或者抽象工厂模式可以使 DAO 模式具有高度的灵活性。

让我们看看下面的示例,如图 8.2 所示。

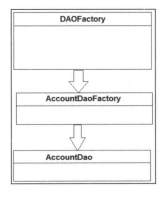

图 8.2 示例

从图 8.2 中可看到,AccountDao 是由 AccountDaoFactory 生成的,AccountDaoFactory 是 AccountDao 的工厂,可以随时修改底层库而不会影响业务代码,由工厂来负责底层库和业务代码的隔离,Spring 为维护 Bean 工厂中的所有 DAO 提供了支持。

8.2.2　数据映射模式

Mapper 层用于在对象和数据库之间移动数据,在这一过程中,对象、数据库以及 Mapper 本身是相互独立的。

ORM 框架提供了对象与数据库的映射,而数据库中的表和对象在存储数据上面有着不同的方式,对象和表都可以组织构造数据。在 Spring 应用中,如果使用 ORM 框架,则不需要关心对象和库表之间的映射机制,如图 8.3 所示。

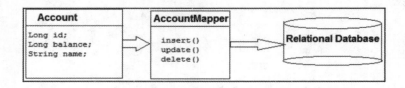

图 8.3　框架图表

如图 8.3 所示,Account 对象通过 AccountMapper 映射到关系数据库,AccountMapper 的作用是 Java 对象和底层数据库之间的中介层。接下来讨论数据访问层中使用的另一个模式。

8.2.3　领域模型模式

包括行为和数据的领域对象模型。

领域模型是具有行为和数据的对象,行为定义的是业务的逻辑,而数据是关于业务输出的信息,在程序中领域模型的数据模型是在业务层之下,来插入业务逻辑,同时数据模型又是从领域模型的业务行为中返回数据,如图 8.4 所示。

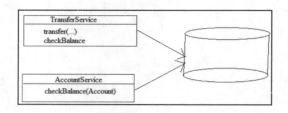

图 8.4　领域模型

我们根据需求定义了两个领域模型,在 TransferService 类中定义了将资金从一个账户转移到另一个账户的业务行为,TransferService 和 AccountService 都属于企业应用中领域模型模式。

8.2.4　懒加载模式的代理

懒加载是一种设计模式,这种模式被一些 ORM 框架（如 Hibernate）用于推迟对象的初始化,直到它被另一个对象在需要的时候调用它,采用这个模式的目标就是在程序中优化内存。Hibernate 的懒加载模式是通过动态代理对象实现的。

8.2.5　Spring 的 Hibernate Template 模式

Spring 提供了一个帮助类来访问 DAO 层中的数据,这个帮助类是基于模板方法模式。Spring 提供了 HibernateTemplate 用于数据库的相关操作,如保存、修改和删除等,HibernateTemplate 确保每个事务只使用一个 Hibernate Session。在下一节将讨论 Spring 对 Hibernate 的支持。

8.3　将 Spring 与 Hibernate 集成

Hibernate 是一个开源的 ORM 框架,它不仅提供 Java 对象与数据库表之间的简单对象关系映射,而且还为应用程序提供了很多复杂的功能来提高性能,有助于更好地利用资源,这些资源如缓存、懒加载、分布式缓存和预先抓取。

Spring 框架提供了对 Hibernate 框架集成的全面支持,而 Spring 有一些内置库可以充分利用 Hibernate 框架,可以使用 Spring 的 DI 和 IoC 在程序中配置 Hibernate。

接下来讨论如何在 Spring IoC 容器中配置 Hibernate。

8.3.1　在 Spring 容器中配置 Hibernate 的 SessionFactory

作为在企业应用中配置 Hibernate 或其他持久框架的最佳方法,业务对象应该与硬编码的资源（JDBC DataSource 或 Hibernate SessionFactory）查找分离,可以在 Spring 容器中将这些资源定义成 Bean,而业务对象需要这些 Bean 的引用来访问它们。用 SessionFactory 访问应用中的数据,代码如下:

```java
public class AccountDaoImpl implements AccountDao {
        private SessionFactory sessionFactory;
```

```
        public void setSessionFactory(SessionFactory sessionFactory){
                this.sessionFactory = sessionFactory;
    } //...
    }
```

　　DAO 类 AccountDaoImpl 遵循依赖注入原则,它注入了 Hibernate 的 SessionFactory 来访问数据,这里 SessionFactory 是单例对象,它负责生成实现了 org.Hibernate.Session 接口的对象,同时也负责管理、打开和关闭这些 Session 对象,Session 接口具有实际的数据访问功能,如从数据库中保存、修改、删除和加载对象。在程序中 AccountDaoImpl 就用这个 Session 对象来执行所有数据库操作。

　　Spring 内置了 Hibernate 模块,我们可以在程序中使用 Hibernate 的 Session 工厂 Bean。

　　类 org.springframework.orm.hibernate5.LocalSessionFactoryBean 是 Spring 的 FactoryBean 接口的实现,LocalSessionFactoryBean 是基于抽象工厂模式,它在程序中生成 Hibernate 的 SessionFactory,可以在 Spring 的 context 中将 SessionFactory 配置为 Bean,代码如下:

```
@Bean
public LocalSessionFactoryBean sessionFactory(DataSource    dataSource){
        LocalSessionFactoryBean sfb = new LocalSessionFactoryBean();
        sfb.setDataSource(dataSource);
sfb.setPackagesToScan(new String[] {
                "com.packt.patterninspring.chapter8.bankapp.model" }
);
        Properties props = new Properties();
        props.setProperty("dialect", "org.hibernate.dialect.H2Dialect");
        sfb.setHibernateProperties(props);
        return sfb;
}
```

　　使用 Spring 的 LocalSessionFactoryBean 将 SessionFactory 配置为 Bean。这个 Bean 的方法是使用 DataSource 作为参数,DataSource 指定怎样和在哪进行数据库的连接,通过为 LocalSessionFactory 设置属性 setPackagesScan,来指定对 com.packt.patterninspring.chapter8.bankapp.model 包进行扫描,还可以设置 hiberanteProperties 属性,这个属性主要是用来设置数据库类型等。

　　设置好 SessionFactory Bean 之后,接下来讨论如何实现 DAO 持久层。

8.3.2　以 Hibernate API 为基础实现 DAO

先看以下代码:

```
com.packt.patterninspring.chapter8.bankapp.dao;
    import org.hibernate.SessionFactory;
    import org.springframework.stereotype.Repository;
    import org.springframework.beans.factory.annotation.Autowired;
    @Repository
    public class AccountDaoImpl implements AccountDao {
      @Autowired
      private SessionFactory sessionFactory;
      public void setSessionFactory(SessionFactory sessionFactory){
        this.sessionFactory = sessionFactory;
      }
      @Override
      public Integer totalAccountsByBranch(String branchName) {
        String sql = "SELECT count(*) FROM Account WHERE branchName
                  ="+branchName;
        return this.sessionFactory.getCurrentSession().
            createQuery(sql, Integer.class).getSingleResult();
      }
      @Override
      public Account findOne(long accountId) {
        return (Account) this.sessionFactory.currentSession().
            get(Account.class, accountId);
      }
      @Override
      public Account findByName(String name) {
        return (Account) this.sessionFactory.currentSession().
          createCriteria(Account.class)
          .add(Restrictions.eq("name", name)) .list().get(0);
      }
      @Override
```

```
public List<Account> findAllAccountInBranch(String branchName){
        return (List<Account>) this.sessionFactory.
        currentSession().createCriteria(Account.class)
        .add(Restrictions.eq("branchName",branchName)).list();
    }
}
```

AccountDaoImpl 是一个 DAO 实现类,通过使用 @Autowared 为 Hibernate 的 SessionFactory 注入,这个类发生异常后会抛出非受检异常 HibernatePersistenceException。实际上,Spring 不希望让这些异常传播到其他层次结构中,Spring AOP 模块能转换成 DataAccessException 层次结构,隐藏了具体的框架异常,Spring 通过使用 @Repository 注解 AccountDaoImpl。

向 AccountDaoImpl 添加一个异常转换,通过向 Spring context 中添加一个 PersistenceExceptionTranslationPostProcessor 类,这个类实现了 BeanPostProcessor 接口来完成此操作,代码如下:

```
@Bean
public BeanPostProcessor persistenceTranslation() {
        return new PersistenceExceptionTranslationPostProcessor();
}
```

PersistenceExceptionTranslationPostProcessor 注册到 Spring 容器后,就可以负责为使用了 @Repository 注解的 Bean 添加通知,拦截捕获到其他平台组件的异常,并将其转换为 Spring 的非受检的 DataAccessException 重新抛出。

接下来讨论 Spring 如何管理在业务层和持久层之间的事务。

8.4 Spring 事务管理策略

Spring 提供了非常全面的事务管理支持,这也是 Spring 框架最引人注目的特性之一,此功能会促使软件公司使用 Spring 框架开发企业应用程序。

JAVA 事务有两种类型如下:

● 本地事务——单个资源:由底层资源管理的本地事务,如图 8.5 所示。

图 8.5 本地事务—单个资源

图 8.5 中,应用和数据库之间存在事务,以确保每个任务单元都遵循数据库的 ACID 属性。

- 分布式事务——多个资源:分布式事务由专用的事务管理器管理,这样可以使用多个事务资源,如图 8.6 所示。

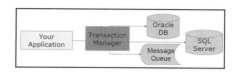

图 8.6 分布式事务——多个资源

事务管理器在应用中可以使用多种数据库,分布式事务是独立于特定数据库的一种技术。

Spring 为这两种类型的事务提供了相同的 API,使用方式是通过声明或者编程的方式配置事务。接下来讨论如何在 Spring 中配置事务。

8.4.1 声明式事务的边界与实现

Spring 支持声明式事务管理,Spring 将事务边界与实现分开,边界是通过 Spring AOP 声明的方式表示的,我们建议在程序中使用声明式事务的边界和实现,因为声明式事务模型能从代码中替换外部事务的 API,并且可以使用 Spring AOP 事务拦截器对声明式事务模型进行配置。这个声明式事务模型允许将业务逻辑与重复的事务边界代码分开。

如前所述,Spring 为应用程序中的事务处理提供了一致的模型,并提供了一个接口 Platform-TransactionManager 来隐藏实现细节,Spring 框架提供了以下几个基于此接口的实现类:

- DataSourceTransactionManager
- HibernateTransactionManager
- JpaTransactionManager
- JtaTransactionManager
- WebLogicJtaTransactionManager
- WebSphereUowTransactionManager

这个关键接口的代码如下:

```java
public interface PlatformTransactionManager {
        TransactionStatus getTransaction(TransactionDefinition
        definition) throws TransactionException;
        void commit(TransactionStatus status) throws TransactionException;
        void rollback(TransactionStatus status) throws TransactionException;
}
```

在上述代码中,getTransaction() 返回一个 TransactionStatus 对象,该对象包含事务的状态,要么就是新的,要么就是在当前调用栈中已经存在的,当然这取决于 getTransaction 方法的 TransactionDefinition 参数,与 JDBC 或者 ORM 模块一样,Spring 也提供了方式来处理事务管理器抛出的异常,getTransaction 方法抛出了 TransactionException 异常,这是一个 unchecked 异常。

Spring 对应用中的分布式(全局)和本地事务使用相同的 API,从本地事务迁移到全局(分布式事务)需要做非常小的修改,只需要修改事务管理器。

8.4.2 部署事务管理器

在 Spring 应用程序中部署事务有两个步骤:第一步,必须在实现或者预先定义一个事务管理器;第二步,声明事务边界,也就是要将 Spring 事务放在哪里。

1. 实现事务管理器

就像其他的 Bean 一样,要为所需的实现创建 Bean,可以根据需要为其他的持久技术(JDBC、JMS、JTA、Hibernate、JPA 等)配置事务管理器。下面的例子使用 JDBC 的 DataSource 的管理器。

基于 Java 配置,看看如何在程序中定义 TransactionManager Bean:

```
@Bean
public PlatformTransactionManager transactionManager(DataSource dataSource){
        return new DataSourceTransactionManager(dataSource);
}
```

基于 XML 配置,也可以这样创建 Bean:

```
<bean id="transactionManager"  class="org.springframework.jdbc.
        datasource. DataSourceTransactionManager">
        <property name="dataSource" ref="dataSource"/>
</bean>
```

2. 声明事务边界

在应用程序的服务层进行事务边界的设置是比较合适的,代码如下:

```
@Service
public class TransferServiceImpl implements TransferService{
        //...
        @Transactional
        public void transfer(Long amount, Long a, Long b){
```

```
        // atomic unit-of-work
    }
//... }
```

TransferServiceImpl 是程序服务层的类,Spring 提供了 @Transactional 注解来确定事务边界,这个注解可以用在类上,也可以用在方法上。这个注解的级别如下:

```
@Service
@Transactional
public class TransferServiceImpl implements TransferService{
    //...
    public void transfer(Long amount, Account a, Account b){
        // atomic unit-of-work
    }
    public Long withdraw(Long amount,  Account a){
        // atomic unit-of-work
    }
//... }
```

如果注解 @Transactional 是类级别的声明,则 TransferServiceImpl 类中的所有方法都是事务方法。

注: 如果要在类上面使用 @Transactional 注解,方法的可见性必须是 public,如果和非可见性的方法一起使用(protected、private 等),则不会引发错误,但这些方法对事务不生效。

我们仅在程序中使用 @Transactional 注解是不够的,还需要在 Java 配置类中使用 @EnableTransactionManagement 注解来开启事务管理功能,或者在 XML 中使用命名空间 <tx:annotation-driven/>,代码如下:

```
@Configuration
@EnableTransactionManagement
public class InfrastructureConfig {
    //other infrastracture beans definitions
    @Bean
    public PlatformTransactionManager transactionManager(){
        return new DataSourceTransactionManager(dataSource());
    }
}
```

InfrastructureConfig 是 Spring 的 Java 配置类,这里主要定义的是基础信息相关的 Bean,并且类中也定义了一个 TransactionManager Bean,此外配置类中还有一个注解 @EnableTransactionManagement,这个注解在应用中实现了一个后置处理器,用来代理所有用了 @Transactional 的 Bean,如图8.7 所示。

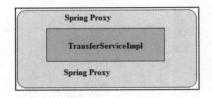

图 8.7　Spring 的 Java 配置

从图 8.7 中可以看到,TransferServiceImpl 类被包装在 Spring 的代理中。

我们想知道在程序中使用了 @Transactional 注解的 Bean 究竟发生了什么,步骤如下:

（1）目标对象包装在代理中：使用的是环绕通知,就像在第 6 章中使用代理和装饰模式做切面编程所讨论的一样。

（2）代理实现以下的行为:

①在进入方法之前启动事务;

②在方法结束时提交事务;

③如果方法抛出运行时异常,则回滚；这是 Spring 异常的默认行为,也可以自己定义受检异常或者自定义异常来代替。

（3）事务的 context 被绑定到程序的当前线程中。

（4）由 XML、Java 和注解的配置来控制所有步骤。

本地 JDBC 配置与关联事务管理器关系图如图 8.8 所示。

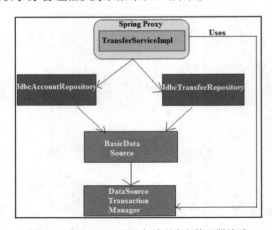

图 8.8　本地 JDBC 配置与关联事务管理器关系

在图 8.8 中,使用 JDBC 定义了一个本地数据源和数据源事务管理器。

接下来讨论如何在程序中以编程的方式实现和确定事务边界。

8.4.3 编程事务的边界确定与实现

Spring 允许在程序中直接使用 TransactionTemplate 和 PlatformTransactionManager,在代码中实现事务,其实声明式事务是我们高度推荐的,因为它可以实现代码整洁和灵活配置。

如何以编程方式实现事务,代码如下:

```
package com.packt.patterninspring.chapter8.bankapp.service;
import org.springframework.beans.factory.annotation.Autowired;
import org.springframework.stereotype.Service;
import org.springframework.transaction.PlatformTransactionManager;
import org.springframework.transaction.TransactionStatus;
import org.springframework.transaction.support.TransactionCallback;
import org.springframework.transaction.support.TransactionTemplate;
import com.packt.patterninspring.chapter8.bankapp.model.Account;
import com.packt.patterninspring.chapter8.bankapp. repository.
    AccountRepository;
    @Service
    public class AccountServiceImpl implements AccountService {
        //single TransactionTemplate shared amongst all methods in this
        instance
        private final TransactionTemplate transactionTemplate;
        @Autowired
        AccountRepository accountRepository;
        // use constructor-injection to supply the
            PlatformTransactionManager

        public AccountServiceImpl(PlatformTransactionManager
            transactionManager) {
            this.transactionTemplate = new TransactionTemplate
                (transactionManager);
        }
        @Override
```

```
        public Double cheeckAccountBalance(Account account) {
        return transactionTemplate.execute(new TransactionCallback<Double>(){
            //the code in this method executes in a transactional context
            public Double doInTransaction(TransactionStatus status){
                return accountRepository.checkAccountBalance(account);
            }
        }
    );
    }
}
```

在上述代码中,使用 TransactionTemplate 在事务 context 中很清晰地执行了程序的业务逻辑。TransactionTemplate 也是基于模板方法模式的,它与 Spring 框架中的其他模板如 JdbcTemplate 具有相同的方法。与 JdbcTemplate 类似,TransactionTemplate 也使用回调的方法,它使应用程序不再具有管理事务资源的样板代码。在服务类构造中创建 TransactionTemplate 类的对象,并将 PlatformTransactionManager 的对象作为参数传递给 TransactionTemplate 类的构造函数。另外,还编写了一个包含应用程序的业务逻辑代码的 TransactionCallback 工具,从该工具可以看出,应用程序逻辑和事务代码之间是紧密耦合的。

在本章中,我们学习了 Spring 是如何高效地管理企业应用程序中的事务的,下面来看一些好的实践案例,在处理任何企业应用程序时都必须牢记这些案例。

8.5　在程序中 Spring ORM 和事务模块的最佳实践

以下是在设计和开发程序时要遵循的做法:

避免在 DAO 实现类中使用 Spring 的 HibernateTemplate 帮助类,同时要在程序中使用 SessionFactory 和 EntityManager 两个类,由于 Hibernate 有 context 功能,所以在 DAO 实现类中直接使用 SessionFactory,如果想访问事务的当前会话,则使用方法 getCurrentSession() 方法,便于进行数据库相关的操作。代码如下:

```
@Repository
public class HibernateAccountRepository implements AccountRepository{
        SessionFactory sessionFactory;
        public HibernateAccountRepository(SessionFactory sessionFactory){
                super();
```

```
                    this.sessionFactory = sessionFactory;
            }
//... }
```

在程序中,始终将 @Repository 注解用于数据访问对象或者存储库中,由这个注解提供异常转换,代码如下:

```
@Repository
public class HibernateAccountRepository{//...}
```

服务层必须是独立的,哪怕服务层的业务方法将职责委托给 DAO 方法。

要在程序的服务层实现事务,不能在 DAO 层实现,代码如下:

```
@Service
@Transactional
public class AccountServiceImpl implements AccountService {//...}
```

声明式事务在程序中更好用且灵活,也是 Spring 强烈推荐的方法,它将横切关注点与业务逻辑分开。

始终抛出的是运行时异常,而不是服务层中的受检异常。

请注意 @Transactional 注解的 ReadOnly 标志,当服务方法仅包含查询时,将事务标记为"readOnly = true"。

8.6 小 结

在第 7 章,我们学习了 Spring 提供的基于 GoF 模板模式实现的 JdbcTemplate 类,这个类处理了 JDBC API 底层所需要的所有样板代码,但是当我们使用 Spring JDBC 模块开发程序时,将表映射到对象就变得非常烦琐了。而在本章我们学习了将对象映射到关系数据库表的解决方案,通过在复杂的程序中使用 ORM 框架,就可以对关系数据库做更多的工作了。Spring 支持与常用的 ORM 框架集成,如 Hibernate 和 JPA 等。这些 ORM 框架为数据操作启用了声明式编程模型,而放弃使用了 JDBC 编程模型。

我们还研究了数据访问层或集成层中实现过的几个模式,这些模式作为 Spring 框架中的特性实现,如懒加载的代理模式、用于与业务层集成的 Façade 模式、用于数据访问的 DAO 模式等。

在下一章中,我们将学习如何利用 Spring 对缓存模式的支持来提高应用程序的性能。

第 9 章　使用缓存模式改进应用性能

在之前的章节中，我们已经学习了 Spring 在后端是如何获取应用数据的，也学习了 Spring 为数据存取提供的 JdbcTemplate 帮助类。Spring 对集成 Hibernate、JPA、JDO 等 ORM 解决方案提供集成支持，并管理跨应用的事务。在本章，我们将讨论 Spring 是如何提供缓存支持来改进应用性能的。

你有没有在深夜从办公室回家时面临夫人一堆夺命的问题？是的，我知道在你筋疲力尽的时候回答这一系列问题令你恼火。更让人恼火的是你被一次次地问同样的问题。

一些问题可以简单地回答是或否，但对另一些问题，你需要解释细节。想象一下当你被问到一个冗长的问题会怎么样？同样地，在应用中有无状态的组件，组件被设计成不断地被询问同样的问题来完成每一个独立的任务。而像被夫人问的问题，这些问题在系统里需要一定的时间来获取合适的数据。它可能有一些核心复杂的逻辑，或者需要从数据库获取数据，或调用一个远程服务。

如果我们知道问题的答案不会经常变化，那么可以将问题的答案记下来以便用来在下次被相同的系统询问时做回答。从同样的渠道重新获取一次数据是没必要的，它会影响你应用的性能，也会浪费你的资源。在企业应用中，缓存被用于保存经常被使用的内容，这样可以从缓存中得到答案而不是一遍一遍地从同样的渠道去问同样的问题。本章我们会讨论 Spring 的缓存抽象特性，以及 Spring 如何声明支持的缓存实现，包括以下几点：

- 什么是缓存
- 在哪里进行缓存
- 理解缓存抽象
- 通过 Proxy 模式来使用缓存
- 声明 Annotation 样式的缓存
- 声明 XML 样式的缓存
- 配置缓存存储
- 实现自定义的缓存 annotation
- 缓存的最佳实现

9.1　什么是缓存

在最简单的场景里，缓存是在内存块中为应用预先存储的信息。在这个语境里，一个 KV 键值的存储，如 map，就可能是应用中的缓存。在 Spring 中，缓存是作为一个接口来抽象和代表实际缓存的。一个缓存接口提供方法将对象保存到缓存存储中，它可以通过给定的 key 来从缓存存储中获取；可以通过给定的 key 来更新缓存存储中的对象；可以通过给定的 key 将对象从缓存存储中删除。缓存接口提供许多功能来操作缓存。

我们在哪里使用缓存

当方法通过同样的入参一直会返回同样的结果时可以使用缓存。这个方法可以做任何事，比如对数据进行计算，执行一条数据库查询，通过 RMI、JMS、web-service 请求数据。从入参中必须生成一个唯一主键，这就是缓存的 key。

9.2　理解缓存抽象

基本上，Java 应用的缓存都是在 Java 方法上使用的，当缓存中已经有保存过的信息可以用来减少执行次数。这表示，无论 Java 方法被调用多少次，缓存抽象可以基于这些方法的入参来应用缓存行为。如果给定参数的信息已经在缓存中了，则它可以在不调用目标方法的情况下直接返回结果。如果缓存中没有需要的信息，则目标方法会被调用，然后返回结果会被保存在缓存后传给调用者。缓存抽象也提供像更新或删除缓存内容的这种其他缓存操作。有时这些操作在应用中的数据变动是很有用的。

Spring 框架提供使用 org.springframework.cache.Cache 和 org.springframework.cache.CacheManager 接口来为 Spring 应用提供缓存抽象。缓存需要使用真实的存储来缓存数据，但缓存抽象只提供了缓存逻辑，它不提供任何物理存储来保存缓存的数据。所以，开发者需要为应用实现真实的缓存存储。如果你有一个分布式应用，那么就需要配置你的缓存提供方，这取决于你应用的使用场景。既可以为分布式应用打造一个在不同节点间复制相同数据的缓存，也可以打造一个中心化的缓存。

市面上有一些缓存提供者，可以按应用需要来使用。部分列举如下：

- Redis
- OrmLiteCacheClient
- Memcached
- In Memory Cache
- Aws DynamoDB Cache Client

● Azure Cache Client

在应用中实现缓存抽象,需要关注以下内容:

● 缓存声明:表示需要先找到应用中需要被缓存的方法,然后使用缓存 annotation 或使用 Spring AOP 的 XML 配置文件来对方法进行声明。

● 缓存配置:表示需要配置使用的实际存储,其用于读写数据。

接下来讨论如何在 Spring 应用中开启 Spring 的缓存抽象。

9.3 使用 Proxy 模式开启缓存

使用以下两种方式来开启 Spring 的缓存抽象:

● 使用 Annotation。

● 使用 XML 命名空间。

Spring 通过使用 AOP 将混存透明的应用到方法上。Spring 对声明需要被缓存的 Spring Bean 加入了代理。这个代理为 Spring Bean 增加了缓存的动态行为。图 9.1 解释了缓存行为。

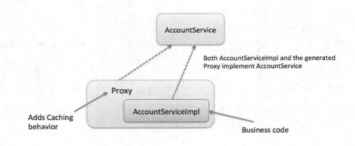

图 9.1　缓存行为

从图 9.1 中可以看出,Spring 对 AccountServiceImpl 类使用了代理来增加缓存行为。Spring 使用了 GoF 的代理模式来实现应用中的缓存。

接下来讨论 Spring 应用如何开启这个特性。

9.3.1　使用 Annotation 开启缓存代理

你应该知道,Spring 能提供相当多的特性,但是它们大部分都是关闭的。你在使用它之前需要先开启这些特性。如果想要在应用中使用 Spring 缓存抽象,需要先开启它。如果使用 Java 配置方式,则可以通过在配置类中增加 @EnableCaching 声明来开启缓存抽象。以下配置类展示了如何使

用 @EnableCaching 声明：

```
package com.packt.patterninspring.chapter9.bankapp.config;

import org.springframework.cache.CacheManager;
import org.springframework.cache.annotation.EnableCaching;
import org.springframework.cache.concurrent.ConcurrentMapCacheManager;
import org.springframework.context.annotation.Bean;
import org.springframework.context.annotation.ComponentScan;
import org.springframework.context.annotation.Configuration;

@Configuration
@ComponentScan(basePackages= {"com.packt.patterninspring.
chapter9.bankapp"}) @EnableCaching //Enable caching
public class AppConfig {

@Bean public AccountService accountService() { ... }

//Declare a cache manager @Bean
public CacheManager cacheManager() {
CacheManager cacheManager = new ConcurrentMapCacheManager();
return cacheManager;
}

}
```

在之前的 Java 配置文件中，我们对配置类 AppConfig.java 增加了 @EnableCaching 声明，这个声明指示 Spring 框架为应用开启 Spring 缓存行为。

接下来讨论如何以 XML 配置的方式来开启 Spring 缓存抽象。

9.3.2 使用 XML 命名空间开启缓存代理

如果用 XML 来配置应用，则可以通过使用 Spring 的缓存命名空间元素 <cache:annotation-driven> 来开启声明式的缓存，代码如下：

```
<?xml version="1.0" encoding="UTF-8"?>
```

```
<beans xmlns="http://www.springframework.org/schema/beans"
    xmlns:xsi="http://www.w3.org/2001/XMLSchema-instance"
    xmlns:context="http://www.springframework.org/schema/context"
    xmlns:jdbc="http://www.springframework.org/schema/jdbc"
    xmlns:tx="http://www.springframework.org/schema/tx"
    xmlns:aop="http://www.springframework.org/schema/aop"
    xmlns:cache="http://www.springframework.org/schema/cache"
    xsi:schemaLocation="http://www.springframework.org/schema/jdbc
    http://www.springframework.org/schema/jdbc/spring-jdbc-4.3.xsd
    http://www.springframework.org/schema/cache
    http://www.springframework.org/schema/cache/spring-cache-4.3.xsd
    http://www.springframework.org/schema/beans
    http://www.springframework.org/schema/beans/spring-beans.xsd
    http://www.springframework.org/schema/context
    http://www.springframework.org/schema/context/spring-context.xsd
    http://www.springframework.org/schema/aop
    http://www.springframework.org/schema/aop/spring-aop-4.3.xsd
    http://www.springframework.org/schema/tx
    http://www.springframework.org/schema/tx/spring-tx-4.3.xsd">
    <!-- Enable caching -->
    <cache:annotation-driven />
    <context:component-scan basepackage="com.packt.patterninspring.
            chapter9.bankapp"/>
    <!-- Declare a cache manager -->
    <bean id="cacheManager" class="org.springframework.cache.
            concurrent.ConcurrentMapCacheManager" />
</beans>
```

在以上配置文件中,无论使用了 Java 配置方式或 XML 配置方式,声明 @EnableCaching 和命名空间 <cache:annotation-driven> 都会通过建立切面的方式来开启 Spring 的缓存抽象。

接下来讨论如何使用 Spring 的缓存声明来定义缓存边界。

9.4 声明基于 Annotation 的缓存

在 Spring 应用中，Spring 的抽象提供以下用于缓存声明的 Annotation：

- @Cacheable: 指在执行实际方法前，先检查这个方法在缓存中的返回值。如果值存在，则返回这个缓存过的值；如果值不存在，则调用实际的方法，并把返回值放入到缓存中。
- @CachePut: 表示不检查值是否存在直接更新。它会一直调用实际的方法。
- @CacheEvict：表示触发缓存驱逐。
- @Caching: 用于对声明在一个方法的多个 annotation 进行分组。
- @CacheConfig: 指示 Spring 在类级别去共享通用缓存相关的设定。

接下来讨论每一个声明 annotation。

1. @Cacheable 声明

@Cacheable 标记一个方法会使用缓存。它的结果保存在缓存中。对于所有相同入参的对于这个方法的调用，都会用 key 从缓存中获取数据。方法不会被执行。以下是 @Cacheable 的属性：

- value：缓存的名字。
- key：每个被缓存过的数据项的 key。
- condition：使用 SpEL 表达式计算出 true 或 false；如果是 false，则缓存的结果不会被应用到方法调用。
- unless：SpEL 表达式；如果是 true，它会提供被放入缓存的返回值。

可以在方法上使用 SpEL 和参数。最简单的 @Cacheable annotation 声明，是需要设置方法需要的关联的缓存名。代码如下：

```
@Cacheable("accountCache ")
public Account findAccount(Long accountId) {...}
```

在上述代码中，findAccount 方法用 @Cacheable annotation 进行了声明。这表示方法会与一个缓存进行关联。缓存的名字是 accountCache。当方法被一个 accountId 调用时，缓存先检查这个 accountId 的返回值，也可以给缓存多个名字：

```
@Cacheable({"accountCache ", "saving-accounts"})
public Account findAccount(Long accountId) {...}
```

2. @CachePut 声明

就像之前说的，@Cacheable 与 @CachePut 声明都有相同的目标，那就是增加一个缓存。但它们工作的方式有点不一样。@CachePut 标记了一个方法用于缓存，然后它的结果会保存在缓存。对于每次相同入参的方法调用，它直接跳过检查返回值是否在缓存中而直接调用真实的方式。以下是 @CachePut 的属性：

- value：缓存的名字。
- key：每个缓存的数据项的 key。
- condition：由 SpEL 表达式计算出的 true 或 false；如果是 false，对于结果的缓存不会应用到方法上。
- unless：SpEL 表达式；如果是 true，它防止返回值被放入缓存中。

也可以在 @CachePut 声明上使用 SpEL 或参数。以下代码是一个最简单的 @CachePut 声明：

```
@CachePut("accountCache ")
public Account save(Account account) {...}
```

在上述代码中，当 save() 被调用时，它会保存 Account。然后返回的 Account 会被放进 accountCache 缓存里。

就像之前所提到的，缓存会根据方法的入参来返回。这实际是个默认的缓存 key。在 @Cacheable 声明的场景里，findAccount(Long accountId) 方法以 accountId 作为入参，accountId 被作为这个方法的缓存 key。但在 @CachePut 声明场景中，save() 方法唯一的入参就是 Account。它被作为缓存 key。看起来用 Account 作为缓存 key 不太合适。在这个场景中，是将新保存的 Account 的 ID 作为缓存 key，而不是 Account 本身。所以，需要自定义 key 的生成行为。接下来讨论如何才能自定义缓存 key。

- 自定义缓存 key。

可以用 @Cacheable 和 @CachePut 声明的 key 属性来自定义缓存 key。以下代码展示了缓存 key 可以使用 SpEL 表达式从被高亮的对象的属性中生成。示例如下：

```
@Cacheable(cacheNames=" accountCache ", key="#accountId")
public Account findAccount(Long accountId)


@Cacheable(cacheNames=" accountCache ", key="#account.accountId")
public Account findAccount(Account account)


@CachePut(value=" accountCache ", key="#account.accountId")
Account save(Account account);
```

可以看到以上例子中是如何使用 @Cacheable 声明的 key 属性来创建缓存 key 的。

接下来讨论这些声明在 Spring 应用中的其他属性。

● 条件缓存

Spring 缓存声明允许你在某些情况下使用 @Cacheable 和 @CachePut 声明的条件属性来关闭缓存。它们可以通过使用 SpEL 表达式来计算条件的值。如果条件表达式的值是 true，方法缓存可以生效。如果条件表达式的值是 false，方法缓存就不生效，这时无论缓存中存在什么值或使用什么入参都不会执行任何缓存相关的操作。例如，只有在传入的参数在大于或等于 2000 时才会开启缓存，代码如下：

```
@Cacheable(cacheNames="accountCache", condition="#accountId >= 2000")
public Account findAccount(Long accountId);
```

@Cacheable 和 @CachePut 声明还有一个树形 unless，这也是一个 SpEL 表达式。这个属性看起来跟 condition 属性差不多但还是有一点区别。不像 condition，unless 表达式是在方法被调用后才开始计算。它防止值被放入缓存。例如，我们只想在银行名里不包括 HDFC 字符时才进行缓存，代码如下：

```
@Cacheable(cacheNames="accountCache", condition="#accountId >=
           2000", unless="#result.bankName.contains('HDFC')")
public Account findAccount(Long accountId);
```

在以上代码片段中，可以同时使用属性 condition 和 unless。但 unless 属性有一条 SpEL 表达式 "#result.bankName.contains('HDFC')"。在此表达式中，结果是一个 SpEL 扩展或缓存 SpEL 元数据。下表是在 SpEL 中可用的缓存元数据：

表达式	描 述
#root.methodName	被缓存方法的名字
#root.method	被缓存方法即被调用方法
#root.target	检查被调用的目标对象
#root.targetClass	检查被调用类的目标对象
#root.caches	被执行方法缓存的数组
#root.args	传给缓存方法的参数数组
#result	缓存方法返回的值；只在@CachePut的unless表达式生效

Spring 的 @CachePut 和 @Cacheable 声明永远不要同时用在同一个方法上，因为它们有不同的行为。@CachePut 声明强制缓存方法执行更新缓存动作。但 @Cacheable 声明只在返回值在缓存中不存在时才执行缓存方法。

我们已经学习了在 Spring 应用中如何使用 Spring 的 @CachePut 和 @Cacheable 声明来给缓存增加信息。但如何从缓存中移除信息呢？Spring 缓存抽象提供另一个用来移除缓存数据的声明：

@CacheEvict 声明。接下来讨论如何使用 @CacheEvict 声明来从缓存中移除缓存数据。

3. @CacheEvict 声明

Spring 缓存抽象不止可以添加缓存,也可以移除缓存。应用运行时会想要移除陈旧或未使用的数据。这时,可以使用 @CacheEvict 声明,因为它不像 @Cacheable 声明,其不会向缓存添加任何东西。@CacheEvict 声明只用于进行缓存驱逐。AccountRepository 的 remove() 方法进行缓存驱逐的代码如下:

```
@CacheEvict("accountCache ")
void remove(Long accountId);
```

在以上代码片段中,当 remove() 方法被调用时,入参相关的值 accountId 会被从 accountCache 缓存中移除。以下是 @Cacheable 的属性:

- value:缓存使用的数组名称。
- key:用于计算做缓存 key 的 SpEL 表达式。
- condition:计算 true 或 false 的 SpEL 表达式;如果是 false,缓存的结果不会被使用到方法调用上。
- allEntries:隐含着如果这个属性是 true,所有的条目都被移出缓存。
- beforeInvocation:表示如果这个属性的值是 true,缓存中的内容将在方法调用前被移除,而如果这个属性是 false(缺省值),缓存内容会在一次成功的方法调用后被移除。

注:我们将 @CacheEvict 用在任意方法,甚至是 void 方法,因为它只是从缓存中移除值内容。但在 @Cacheable 和 @CachePut 声明使用时,只能将其使用在非 void 返回类型的方法上,因为这些声明需要一个返回值来作为缓存。

4. @Caching 声明

Spring 的缓存抽象在使用 @Caching 声明时允许缓存方法使用同类型多个声明。@Caching 声明可以将其他声明如 @Cacheable、@CachePut 和 @CacheEvict 分组,代码如下:

```
@Caching(evict = {
@CacheEvict("accountCache "),
@CacheEvict(value="account-list", key="#account.accountId") })
public List<Account> findAllAccount(){
return (List<Account>) accountRepository.findAll();
}
```

5. @CacheConfig 声明

Spring 缓存抽象允许在类级别使用 @CacheConfig 来避免在每个方法重复声明。在一些场景，所有的方法应用自定义缓存会相当乏味。可以用 @CacheConfig 声明类的所有操作，代码如下：

```
@CacheConfig("accountCache ")
public class AccountServiceImpl implements AccountService {

@Cacheable
public Account findAccount(Long accountId) {
 return (Account) accountRepository.findOne(accountId);
 }
}
```

以上是 @CacheConfig 声明使用在类级别的例子，允许在所有 cacheable 方法中共享 account-Cache 缓存。

注： 由于 Spring 的缓存抽象模块使用的是代理，只能将缓存声明在 public 可见方法。在所有非 public 方法上，这些声明不会造成错误，但非 public 方法上的声明不会有任何缓存行为。

9.5　声明基于 XML 的缓存

要保证缓存配置代码与业务代码分离，并将 Spring 的声明与源代码维持松耦合，基于 XML 的缓存配置比基于声明的更合适。所以，要用 XML 配置 Spring 缓存，将缓存命名空间与 AOP 命名空间一起使用，因为缓存是一种 AOP 活动，并且在声明式缓存行为的背后使用的是代理模式。

```xml
<?xml version="1.0" encoding="UTF-8"?>
<beans xmlns=http://www.springframework.org/schema/beans
  xmlns:xsi="http://www.w3.org/2001/XMLSchema-instance"
  xmlns:context="http://www.springframework.org/schema/context"
  xmlns:aop="http://www.springframework.org/schema/aop"
  xmlns:cache="http://www.springframework.org/schema/cache"
  xsi:schemaLocation="http://www.springframework.org/schema/cache
  http://www.springframework.org/schema/cache/spring-cache-4.3.xsd
  http://www.springframework.org/schema/beans
  http://www.springframework.org/schema/beans/spring-beans.xsd
```

```
http://www.springframework.org/schema/context
http://www.springframework.org/schema/context/spring-context.xsd
http://www.springframework.org/schema/aop
http://www.springframework.org/schema/aop/spring-aop-4.3.xsd">
  <!-- Enable caching -->
  <cache:annotation-driven />
  <!-- Declare a cache manager -->
  <bean id="cacheManager"class="org.springframework.cache.
    concurrent.ConcurrentMapCacheManager" />
</beans>
```

在以上 XML 文件中引入了 cache 和 AOP 命名空间。缓存命名空间可以用以下元素来定义缓存配置：

元　素	缓存描述
`<cache:annotation-driven>`	等同于@EnableCaching，用来开启Spring缓存
`<cache:advice>`	定义缓存切面
`<cache:caching>`	等同于@Caching，用来分组缓存规则
`<cache:cacheable>`	等同于@Cacheable；让任意方法被缓存
`<cache:cache-put>`	等同于@CachePut，用来压入缓存
`<cache:cache-evict>`	等同于@CacheEvict，用来释放缓存

以下是基于 XML 配置的例子。建一个如下名为 spring.xml 的配置文件，代码如下，代码如下：

```
<?xml version="1.0" encoding="UTF-8"?>
<beans xmlns="http://www.springframework.org/schema/beans"
  xmlns:xsi="http://www.w3.org/2001/XMLSchema-instance"
  xmlns:context="http://www.springframework.org/schema/context"
  xmlns:aop="http://www.springframework.org/schema/aop"
  xmlns:cache="http://www.springframework.org/schema/cache"
  xsi:schemaLocation="http://www.springframework.org/schema/cache
  http://www.springframework.org/schema/cache/spring-cache-4.3.xsd
  http://www.springframework.org/schema/beans
  http://www.springframework.org/schema/beans/spring-beans.xsd
  http://www.springframework.org/schema/context
  http://www.springframework.org/schema/context/spring-context.xsd
```

```
    http://www.springframework.org/schema/aop
    http://www.springframework.org/schema/aop/spring-aop-4.3.xsd">
    <context:component-scan
     basepackage="com.packt.patterninspring.chapter9.bankapp.service,
     com.packt.patterninspring.chapter9.bankapp.repository"/>

<aop:config>

     <aop:advisor advice-ref="cacheAccount" pointcut="execution(*
com.packt.patterninspring.chapter9.bankapp.service.*.*(..))"/>
    </aop:config>
    <cache:advice id="cacheAccount">
<cache:caching>
    <cache:cacheable cache="accountCache" method="findOne" />
    <cache:cache-put cache="accountCache" method="save" key="#result.id" />
    <cache:cache-evict cache="accountCache" method="remove" />
</cache:caching>
    </cache:advice>

    <!-- Declare a cache manager -->
<bean id="cacheManager" class="org.springframework.cache.
 concurrent. ConcurrentMapCacheManager" />
</beans>
```

在以上 XML 文件里,高亮的代码就是 Spring 缓存配置。在缓存配置中,先声明 <aop:config>,然后声明 <aop:advisor>,其引用了 advice ,ID 是 cacheAccount,并且也有一个 pointcut 表达式来匹配 advice。在 <cache:advice> 元素里声明了 advice。这个元素可以包含多个 <cache:caching> 元素。但在这个例子里,我们只用了一个 <cache:caching> 元素,其包含了 <cache:cacheable>、<cache:cache-put> 和 <cache:cache-evict> 元素,每个都采用 pointcut 声明了一个可缓存的方法。

在应用里使用了缓存声明的 Service 类,代码如下:

```
package com.packt.patterninspring.chapter9.bankapp.service;

import org.springframework.beans.factory.annotation.Autowired;
import org.springframework.cache.annotation.CacheEvict;
```

```
import org.springframework.cache.annotation.CachePut;
import org.springframework.cache.annotation.Cacheable;
import org.springframework.stereotype.Service;

import com.packt.patterninspring.chapter9.bankapp.model.Account;
import com.packt.patterninspring.chapter9. bankapp.repository.
    AccountRepository;

@Service
public class AccountServiceImpl implements AccountService{
@Autowired
AccountRepository accountRepository;

@Override
@Cacheable("accountCache")
public Account findOne(Long id) {
System.out.println("findOne called");
return accountRepository.findAccountById(id);
}

@Override
@CachePut("accountCache")
public Long save(Account account) {
return accountRepository.save(account);
}

@Override
@CacheEvict("accountCache")
public void remove(Long id) {
accountRepository.findAccountById(id);
  }
}
```

在以上文件定义中，在应用中使用了 Spring 缓存声明来创建缓存。接下来讨论如何在应用里配置缓存使用的存储。

9.6 配置缓存的存储

Spring 的缓存抽象提供很多存储集成，为每个内存型存储提供 CacheManager。你可以只调整 CacheManager 的配置，然后让 CacheManager 负责控制和管理缓存。接下来讨论如何在应用中设置 CacheManager。

配置 CacheManager

你需要为存储指定一个 cacheManager，并给 CacheManager 配置缓存提供者，也可以写自己的 CacheManager。在 org.springframework.cache 中，Spring 提供了一些 cacheManager，比如 Concurrent-MapCacheManager，其为每个缓存存储单位创建一个 ConcurrentHashMap。

```
@Bean
public CacheManager cacheManager() {
CacheManager cacheManager = new ConcurrentMapCacheManager();
return cacheManager;
}
```

SimpleCacheManager 和 ConcurrentMapCacheManager 都是 Spring 框架缓存抽象的 cache manager。Spring 还支持其他第三方 cache manager 的集成，这在下一节可以看到。

9.7 第三方缓存实现

Spring 自带的 SimpleCacheManager 可以做测试，但它没有任何缓存控制选项（溢出、驱逐）。所以需要使用类似以下的第三方提供方：

- Terracotta 的 EhCache
- Google 的 Guava 和 Caffeine
- Pivotal 的 Gemfire

第三方 cacheManager 的其中一种配置方式如下：

1. 基于 Ehcache 的缓存

Ehcache 是很受欢迎的缓存提供者。Spring 允许通过配置 EhCacheCacheManager 来集成 Ehcache。Java configuration 配置方式如下：

```
@Bean
public CacheManager cacheManager(CacheManager ehCache) {
EhCacheCacheManager cmgr = new EhCacheCacheManager();
  cmgr.setCacheManager(ehCache);
return cmgr;
}
@Bean
public EhCacheManagerFactoryBean ehCacheManagerFactoryBean() {
EhCacheManagerFactoryBean eh = new EhCacheManagerFactoryBean();
eh.setConfigLocation(new ClassPathResource("resources/ehcache.xml"));
return eh;
}
```

在上述代码中，第一个 Bean 方法是 cacheManager()，新建一个 EhCacheCacheManager 对象，并将 Ehcache 的 CacheManager 设置进去。这里，Ehcache 的 CacheManager 被注入了 Spring 的 EhCacheCacheManager。第二个 Bean 方法是 ehCacheManagerFactoryBean()，创建并返回了 EhCacheManagerFactoryBean 的实例。由于它是个工厂 Bean，因此会返回一个 CacheManager 的实例。在 XML 文件 ehcache.xml 中有 Ehcache 的配置，ehcache.xml 的代码如下：

```xml
<ehcache>
<cache name="accountCache" maxBytesLocalHeap="50m" timeToLiveSeconds="100">
</cache>
</ehcache>
```

ehcache.xml 文件中每个应用可能都不同，但需要声明至少一个最小化的缓存。例如，以下 Ehcache 配置文件声明了一个最大为 50MB 的堆存储和最大存活时长为 100 s 的 accountCache 缓存。

2. 基于 XML 的配置

让我们给缓存建一个 XML 配置文件，使用 EhCacheCacheManager 进行配置。代码如下：

```xml
<bean id="cacheManager"
class="org.springframework.cache.ehcache.EhCacheCacheManager"
p:cache-manager-ref="ehcache"/>

  <!-- EhCache library setup -->
```

```
<bean id="ehcache"
class="org.springframework.cache.ehcache.
EhCacheManagerFactoryBean" p:config
-location="resources/ehcache.xml"/>
```

同样地,在 XML 配置里,需要为 ehcache 配置 cacheManager,配置 EhCacheManagerFactoryBean 类,并将 config-location 的值设为 ehcache.xml,就像之前定义的 Ehcache 配置。

现在有很多第三方的缓存存储可以被 Spring 框架集成。本章只讨论了 EhCache Manager。

接下来讨论 Spring 如何让你创建自己的自定义缓存。

9.8 创建自定义缓存声明

Spring 的缓存抽象允许为自己的应用建立自定义缓存声明,以便于能识别到对缓存压入和驱逐的缓存方法。Spring 的 @Cacheable 和 @CacheEvict 声明被当作原声明来创建自定义缓存声明。应用里的自定义声明如下:

```
@Retention(RetentionPolicy.RUNTIME)
@Target({ElementType.METHOD})
@Cacheable(value="accountCache", key="#account.id")
public @interface SlowService {

}
```

上面代码片段中定义了一个叫 SlowService 的声明,它又被 Spring 的 @Cacheable 声明。如果在应用中使用了 @Cacheable,那么则需要按以下方式配置:

```
@Cacheable(value="accountCache", key="#account.id")
public Account findAccount(Long accountId)
```

让我们用自定义的声明来替换以上配置:

```
@SlowService
public Account findAccount(Long accountId)
```

上述代码只使用了 @SlowService 声明来让应用的方法可缓存。

9.9　网络应用

在你的企业网站中，可以使用缓存让 Web 页面渲染飞快，减少数据库命中，减小服务器资源（内存，网络等）消耗。通过将过时数据存储在缓存内存，缓存是加速你应用性能的神器。以下是在设计和开发 Web 应用时需要权衡内容的最佳实践：

● 在 Spring Web 应用，@Cacheable、@CachePut 和 @CacheEvict 这些 Spring 缓存声明应该被用在具体类而不是应用的接口上。尽管可以通过使用基于接口的代理将声明设置在接口方法上。请记得 Java 声明不会被接口继承，这表示如果你通过设置属性 proxy-target-class="true" 使用基于类的代理，则 Spring 缓存声明将不会被代理识别到。

● 如果你通过使用 @Cacheable、@CachePut 或 @CacheEvict 声明来声明任何方法，想要从应用的缓存受益就不要在相同类里直接调用另一个方法。因为对缓存方法的直接调用，是不能使用 Spring AOP 代理的。

● 在一个企业应用中，Java Map 或任何键值集合永远不要作为缓存。任何键值集合都不能作为缓存。有时，开发者使用 Java Map 作为自制的缓存方案，但这不是缓存方案，因为缓存提供超过存储键值的能力：

■ 缓存提供驱逐策略

■ 可以定义缓存最大限制

■ 缓存提供一个持久化存储

■ 缓存提供弱引用键

■ 缓存提供数据统计

　◆ Spring 框架提供最佳的声明方式在应用中实现和配置缓存方案。所以，请在应用中使用缓存抽象层，它提供很大的灵活性。我们知道，@Cacheable 声明可以将业务逻辑代码和缓存关注点分离。

　◆ 在应用中使用缓存要小心。只在像 Web Service 或昂贵的数据库中这种真正需要的地方使用缓存，因为每次 API 调用都有开销。

　◆ 在应用的缓存实现中，需要保证缓存中的数据是与数据库同步的。你可以使用类似 Memcache 这样提供合适的缓存策略实现的分布式 CacheManager，为应用提供可观的性能。

　◆ 当从数据库进行缓慢的数据查询得到的数据每次都不太相同时缓存只能作为备选方案。这是因为无论缓存了什么，第一步检查缓存值不存在时都会调用实际方法，所以是没必要的。

- 本章我们学习了缓存是如果帮助改进应用的性能的。缓存一般工作在应用的服务层。在你的应用里，有方法返回数据；我们可以在一次又一次同样请求的调用时使用缓存。缓存在避免同样的请求调用时是很有作用的。每个入参对应的返回值第一次调用时都会被缓存。未来相同方法的相同入参，结果都会从缓存获取。缓存通过避免类似数据库查询这样有资源和时间开销的操作来提高应用性能。

9.10　小　结

Spring 提供 CacheManager 来管理 Spring 应用的缓存。本章我们学习了如何为特定的缓存技术来定义 cachingManager。Spring 为缓存提供了声明 @Cacheable、@CachePut 和 @CacheEvict，它们可以被用在 Spring 应用中，也可以使用 XML 来配置缓存。Spring 框架提供缓存命名空间来达到这个目的。<cache:cacheable>、<cache:cache-put> 和 <cache:cache-evict> 元素可以被用来替代对应的声明。

通过使用 AOP，Spring 让管理应用缓存成为可能。缓存是 Spring 框架的跨域关注点。在 Spring 应用中缓存是一个切面。Spring 通过使用其 AOP 模块的 around advice 来实现缓存。

在下一章中，我们将探讨如何在 Web 层和 MVC 模式中使用 Spring。

第 10 章　在 Web 应用中使用 Spring 实现 MVC 模式

在之前的章节中，我们学习的都是基于使用 Spring 框架的单体应用的例子，以及 Spring 提供的许多重要特性，如依赖注入模式、Bean 生命周期管理、AOP、缓存管理、后端使用的 JDBC 和 ORM 模块。本章我们将学习在通用的 Web 应用里 Spring 是如何工作的，如工作流、校验、和状态管理。

Spring 引入了自己的 Web 框架，就是众所周知的 Spring Web MVC。它基于 Model View Controller（MVC）模式。Spring Web MVC 提供了展示层，可以建立一个灵活松耦合的 Web 应用。Spring MVC 模块解决了企业应用测试 Web 组件的问题。它允许在不需要 request 和 response 对象的情况下写测试用例。

在本章中，我们不只讨论 Spring MVC 的内部，也讨论 Web 应用的不同分层，了解什么是 MVC 模式及其实现，以及为什么需要使用它。以下是探索 Spring Web MVC 框架的内容：

- 在一个 Web 应用实现 MVC 模式
- 实现 controller 模式
- 将 DispatcherServlet 作为前端 Controller 模式配置
- 激活 Spring MVC 和代理
- 接受请求参数
- 处理 Web 页面的表单
- 实现 MVC 模式里的 View
- 在 Web 应用里创建一个 JSP View
- View Helper 模式
- Apache Tiled ViewResolver 的组合 View 模式

10.1　在 Web 应用中实现 MVC 模式

Model View Controller（MVC）模式是一个 J2EE 设计模式，它最初是被 Trygve Reenskaug 引入

自己的项目中来分离应用的不同组件。当时，MVC 模式是在桌面应用上使用的。这个模式的主要目的是促进软件工业中的关注点分离。MVC 模式将系统分解成三种组件。每种组件在系统中都有特定的职责。MVC 模式的三种组件如下：

- Model（模型）：MVC 模式中的模型是用来维护视图的数据，让它们可以在任意视图模板中使用。简单来说，模型是一个数据对象，就像银行系统中的 SavingAcount，以及任意银行分支的账户列表。
- View（视图）：MVC 模式中的视图负责将模型渲染到 Web 应用的页面。它将模型数据以只读格式提供给用户。有很多技术都提供视图，如 JSP、JSF、PDF 和 XML 等。
- Controller（控制器）：这是 MVC 模式中实际做动作的组件。在软件中，控制器的代码控制了视图与模型间的交互。表单提交或单击链接都是在企业应用中控制器的交互。控制器也负责创建和更新模型，并将模型转发给视图进行渲染。

图 10.1 可以帮助我们理解 MVC 模式。

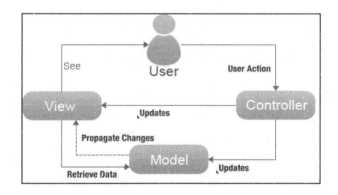

图 10.1　MVC 模式

从图 10.1 中可以看到，在应用中有三个组件，每个组件都有它自己的职责。就像之前所提到的，MVC 模式主要是将关注点分离。在软件系统中，将关注点分离可以让组件更灵活，以便更容易进行测试。在模式中，用户 (User) 通过 View 组件与 Controller 组件交互，Controller 组件触发了实际准备 Model 组件的动作。Model 组件将变更传递给 View，最终，View 组件为前端用户 User 进行页面渲染。MVC 模式的这种方式适合大部分应用，特别是桌面应用。MVC 模式也被称为 Model 1 架构。

但当你开发的是一个企业级 Web 应用时，会与桌面应用有些不同，因为由于天然无状态的 HTTP 协议的原因，要保持 Model 对象跨越整个 HTTP 请求周期会很困难。下面是一种改动过的 MVC 模式，包括 Spring 是如何将其适配到开发企业级 Web 应用的。

10.2　Spring 的 Model 2 架构 MVC 模式

Model 1 架构对于一个 Web 应用来说不够直接。Model 1 也有非中心化的导航控制,因为在这个架构里,每个用户都用了一个独立的 controller 控制器,并且使用了不同的逻辑来决定下一页的跳转。在那个 Web 应用的时代,Model 1 架构主要使用 Servlet 与 JSP 作为主要技术来开发 Web 应用。

对一个 Web 应用,MVC 模式是作为 Model 2 架构的实现。这个模式提供了中心化的导航控制逻辑来保证更简单的测试和维护 Web 应用,它也提供比 Model 1 架构更好的关注点分离。基于 Model 1 架构的 MVC 模式与基于 Model 2 架构的 MVC 模式的区别在于后者合并了一个前端 controller 控制器将所有请求转给其他控制器。这些控制器处理传入的请求和返回模型,选择 View 视图。Model 2 架构 MVC 模式如图 10.2 所示。

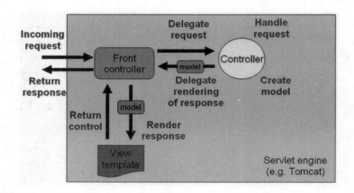

图 10.2　Model 2 架构 MVC 模式

从图 10.2 中可以看到,一个新的组件被引入了 MVC 模式,那就是前端控制器 Front controller。它在 struts 中是使用 javax.servlet.Servlet 实现的 ActionServlet,在 JSF 中是 FacesServlet,在 Spring MVC 中是 DispatcherServlet。它处理所有的请求,并将请求转发给具体的应用控制器。应用控制器创建和更新 model 模型,并分发给前端控制器来做渲染。最终,前端控制器 Front Controller 决定具体的 View 视图,并将 model 模型数据进行渲染。

前端控制器 Front Controller 设计模式

前端控制器设计模式是一个 J2EE 模式,它为以下应用设计问题提供解决方案:

● 在基于 Model 1 架构的 Web 应用,需要很多控制器来处理很多请求。这对于维护和重用都很困难。

- Web 应用中每个请求都有它所属的进入点；对每个请求它需要一个单点入口。
- JSP 与 Servlet 是 Model 1 MVC 模式的主要组件，这些组件同时处理 action 和视图 view，违反了 Single Responsibility（单一职责）原则。

前端控制器提供了解决以上设计问题的方案。在 Web 应用中，它作为主组件将所有请求给框架的控制器。这表示有很多请求会落在这个单点控制器 (Front Controller)，然后，这些请求又会被转给可以处理的控制器。Front Controller 提供中心化控制，改进了重用和可管理能力，因为通常情况下，Web 容器中只注册了 resource 资源。这个控制器不只是处理大量请求，它还有以下职责：

- 根据请求来初始化框架
- 加载了所有 URL 和对应处理请求组件的映射 map
- 准备视图 View 的 map

Front Controller 前端控制器如图 10.3 所示。

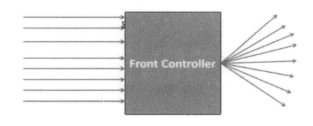

图 10.3　前端控制器图

从图 10.3 中可以看到，所有应用请求都先在 Front Controller 落地，它会将这些请求转发给配置好处理请求的应用 controller 控制器。

Spring 框架提供一个基于 MVC 模式的组件，即 Model 2 架构的实现。Spring MVC 模块提供了开箱即用的前端控制器模式实现，其实现类是 org.springframework.web.servlet.DispatcherServlet 类。这个 Servlet 与 Spring IoC 容器进行了整合以便从 Spring 的依赖模式获得收益。Spring Web 框架使用 Spring 的配置方式，所有的控制器都是 Spring Bean，而且这些控制器都是可测试的。

在本章我们深入 Spring MVC 的内部，学习了 Spring MVC 框架的 org.springframework.web.servlet.DispatcherServlet，了解了它是怎样处理所有进入请求的。

1. 处理请求的生命周期

你有没有玩过木制桌游，一个使用钢球的迷宫游戏？你可能在童年玩过它。它真是个疯狂的游戏。这个游戏的目标是将所有钢球发送出去，通过相互连接的弯曲通道到达中心，这些弯曲通道上的切口会导致中心附近的第二条通道。所有的钢球都需要通过这些弯曲的通道间的切口到达木板迷宫的中心，如图 10.4 所示。如果一个钢球到达了中心，这时要更小心，不要在尝试移动另一个球到中心时让中心已有的球出去了。

图 10.4　迷宫游戏示意图

初看 Spring MVC 框架跟这个木制迷宫桌游很像。和让钢球在不同的弯曲通道和切点间移动类似,Spring MVC 框架通过 Front Controller 这样的前端控制器(dispatcher Servlet、处理器映射、控制器、视图解析器)控制 Web 应用请求的移动方向。

接下来讨论 Web 应用里 Spring MVC 框架处理的请求流。图 10.5 通过 DispatcherServlet 解释了 Spring Web MVC 的请求处理工作流。

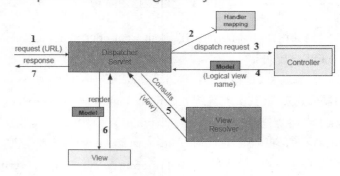

图 10.5　请求处理工作流

前端控制器在 Model 2 MVC 模式中扮演很重要的角色,因为它处理 Web 应用所有进入的请求,为浏览器准备响应。在 Spring MVC 框架,org.springframework.web.servlet.DispatcherServlet 扮演了 Model 2 MVC 模式的前端控制器角色。正如从图 10.5 所看到的,DispatcherServlet 用很多其他组件来实现自己的职责。下面逐步看 Spring MVC 框架的请求处理。

(1)用户单击了浏览器或提交了应用的 Web 表单。请求离开浏览器,包括一些额外信息或只有通用的信息。请求先在 Spring 的 DispatcherServlet 落地，也就是与其他基于 Java 的 Web 应用的简单 servlet 类一样。它是 Spring MVC 框架的 Front Controller，通过这个单点像漏斗一样处理所有进入的请求。Spring MVC 框架通过使用这个 Front Controller 来将所有的请求流控制中心化处理。

（2）当请求落入 Spring 的 DispatcherServlet，它将请求转给 Spring MVC 的控制器，也就是应用的控制器。在 Spring Web 应用中可能有许多控制器，但每一个请求必须给一个特定的控制器。Spring 的 DispatcherServlet 通过使用应用中配置的映射处理器来路由。映射处理器通过 URL 和请求入参来决定转给哪个具体的控制器。

（3）当 DispatcherServlet 用映射处理器配置选择了一个应用控制器，它将请求分发给这个选好的控制器。这是控制器实际的职责：通过用户请求和入参来处理信息。

（4）Spring MVC 控制器通过调用应用的业务层来处理业务逻辑，它创建包装后信息要返回给用户的模型，也会显示在浏览器上。模型信息取决于用户的请求内容。但这个模型没有被格式化过，可以使用任意的模板技术将模型信息渲染在浏览器上。这也是为什么 Spring MVC 控制器也返回一个基于模型的逻辑视图名称。为什么会返回一个逻辑视图名？这是因为 Spring MVC 控制器没有绑定任何像 JSP、JSF、Thymeleaf 这些特定的视图技术。

（5）同样地，Spring MVC 的 DispatcherServlet 也依赖视图解析器；它配置在 Web 应用中来解析视图。通过配好的 ViewResolver，它将逻辑视图名解析成真正的视图名。现在 DispatcherServlet 也有了可以用于渲染模型信息的视图。

（6）Spring MVC 的 DispatcherServlet 将模型送给视图渲染，并生成一个对用户只读的模型信息。

（7）最终，通过这些信息生成了 response 响应，并通过 DispatcherServlet 返回给用户的浏览器。

可见在处理一个请求的步骤中，组件都会参与。大部分组件都跟 Spring MVC 框架相关，这些组件在处理请求时都有它们自己的职责。

到目前为止，我们已经学习了 DispatcherServlet 作为一个核心组件处理请求。它是 Spring Web MVC 的心脏，也是一个类似 Struts ActionServlet/JSF FacesServlet 那样协调所有请求的 front controller 前端控制器。它转发给 Web 基础设施 Bean，调用用户的 Web 组件，而且也高度灵活、可配置、可定制。因为这个 servlet 使用的所有组件都是基础设施 Bean 的接口。下表列出了 Spring MVC 框架提供的相关接口。

Spring MVC组件	请求处理中角色
org.springframework.web.multipart.MultipartResolver	处理请求里的multipart，如文件上传
org.springframework.web.servlet.LocaleResolver	处理本地化解析和更改
org.springframework.web.servlet.ThemeResolver	处理主题解析和更改

（续表）

Spring MVC组件	请求处理中角色
org.springframework.web.servlet.HandlerMapping	将所有进入的请求映射到可以处理的对象
org.springframework.web.servlet.HandlerAdapter	基于Adapter模式，用来处理对象类型来执行handler
org.springframework.web.servlet.HandlerExceptionResolver	处理handler执行时抛出的异常
org.springframework.web.servlet.ViewResolver	将逻辑视图名转换成实际视图实现

以上表格中的组件都是 Spring MVC 框架在请求处理的生命周期中使用的。接下来讨论如何配置 Spring MVC 的主组件，也就是 DispatcherServlet，以及基于 Java 或 XML 的两种实现方式。

2. 将 DispatcherServlet 装配成 Front Controller

在基于 Java 的 Web 应用中，所有的 servlet 都定义在 web.xml 里。它在启动时被 Web 容器加载，并将每个 servlet 映射到一个具体的 URL 模式。类似地，org.springframework.web.servlet.DispatcherServlet 是 Spring MVC 的核心；它也需要配置同样的文件，即 web.xml，也会在 Web 容器启动时加载。在启动时，DispatcherServlet 会被调用，它是通过从 Java、XML 或声明配置中加载 Bean 来创建 Spring 的 org.springframework.web.context.WebApplicationContext。Servlet 会从这个 Web 应用上下文 (Web application context) 来获取所有需要的组件。它的责任是路由请求到所有其他的组件。

注：WebApplicationContext 是一个 Web 版本的 ApplicationContext，前面章节已讨论过。它有一些 Web 应用额外的能力，如 servlet 范围的请求和 session 等。WebApplicationContext 绑定在 ServletContext，可以通过 RequestContextUtils 类的静态方法来获取它。以下是代码片段：
ApplicationContext webApplicationContext = RequestContextUtils.findWebApplicationContext(request);

3. 使用 XML 配置定义

由于 web.xml 是任何 Web 应用的根文件，所以是放在 WEB-INF 目录中。它有一个 servlet 规范，并包含了所有在启动时需要的 servlet 配置。Web 应用中需要的 DispatcherServlet 配置如下：

```
<web-app version="3.0"
xmlns="http://java.sun.com/xml/ns/javaee"
xmlns:xsi="http://www.w3.org/2001/XMLSchema-instance"
xsi:schemaLocation=http://java.sun.com/xml/ns/javaee
http://java.sun.com/xml/ns/javaee/web-app_3_0.xsd
```

```
metadata-complete="true">
 <servlet>
   <servlet-name>bankapp</servlet-name>
   <servlet-class>org.springframework.web.servlet.DispatcherServlet
    </servlet-class>
   <load-on-startup>1</load-on-startup>
</servlet>
<servlet-mapping>
<servlet-name>bankapp</servlet-name>
  <url-pattern>/*</url-pattern>
</servlet-mapping>
</web-app>
```

以上代码是 Spring Web 应用中，使用基于 XML 配置方式的配置 DispatcherServlet 的最小化代码。

注：在 web.xml 文件中没什么特殊的，就像传统 Java Web 应用一样只定义了一个 servlet 的配置。DispatcherServlet 加载了一个包括 spring Bean 配置的文件。默认情况，它加载 WEB-INF 目录下的 [servletname]-servlet.xml 文件。在这里，是在 WEB-INF 目录里，被称为 bankapp-servlet.xml 文件。

4. 使用 Java configuration 配置

接下来将会使用 Java 来配置 servlet 容器的 DispatcherServlet。Servlet 3.0 及以后的版本支持基于 java 的启动，可以避免使用 web.xml 文件。我们可以创建一个实现了 javax.servlet.ServletContainerInitializer 接口的 java 类。Spring MVC 提供 WebApplicationInitializer 接口来保证 spring 配置可以被 Servlet 3 容器加载和初始化。Spring MVC 框架提供了一个实现了 WebApplicationInitializer 接口的抽象类让其变得更简单。使用这个抽象类，你只需配置你的 servlet 映射，提供 root 和 MVC 配置类。此配置类的代码如下：

```
package com.packt.patterninspring.chapter10.bankapp.web;

import org.springframework.web.servlet.support.AbstractAnnotation
        ConfigDispatcherServletInitializer;

import com.packt.patterninspring.chapter10.bankapp.config.AppConfig;
import com.packt.patterninspring.chapter10.bankapp.web.mvc.SpringMvcConfig;
```

```
public class SpringApplicationInitilizer extends
        AbstractAnnotationConfigDispatcherServletInitializer
{
// Tell Spring what to use for the Root context: as ApplicationContext
- "Root" configuration

  @Override
  protected Class<?>[] getRootConfigClasses() {
    return new Class <?>[]{AppConfig.class};
  }
// Tell Spring what to use for the DispatcherServlet context:
WebApplicationContext- MVC
configuration
  @Override
  protected Class<?>[] getServletConfigClasses() {
    return new Class <?>[]{SpringMvcConfig.class};
  }
// DispatcherServlet mapping, this method responsible for URL
    pattern as like in web.xml file
<url-pattern>/</url-pattern>
  @Override
  protected String[] getServletMappings() {
    return new String[]{"/"};
  }
}
```

就像上面代码展示的，SpringApplicationInitializer 类继承了 AbstractAnnotationConfigDispatch-erServletInitializer 类。它只询问了开发者需要的信息，所有跟 DispatcherServlet 相关的配置都被这个类使用 servlet 容器接口配置好。图 10.6 可以帮助我们理解 AbstractAnnotationConfigDispatcherServ-letInitializer 类和其用来配置 DispatcherServlet 的相关实现。

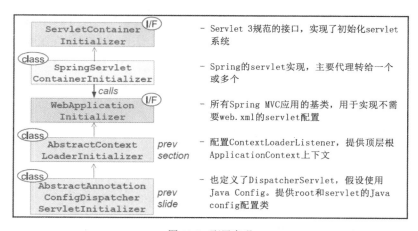

图 10.6　配置实现

可以看到，SpringApplicationInitilizer 类覆盖了 AbstractAnnotationConfigDispatcherServletInitializer 类的三个方法，即 getServletMappings()、getServletConfigClasses() 和 getRootConfigClasses()。getServletMappings() 方法定义了应用的 servlet 映射，它映射到"/"。方法 getServletConfigClasses() 让 DispatcherServlet 去加载定义了 SpringMvcConfig 配置类的 application context。这个配置文件定义了像 controller、视图解析器 (view resolver)、handler 映射这些 Web 组件。Spring 的 Web 应用有另一个 application context，是被 ContextLoaderListener 创建的。另一个方法，getRootConfigClasses() 加载了 AppConfig 配置类定义的中间层和数据层这些其他的应用 Bean，像 services、repositories 和 data-source。

注：Spring 框架提供了一个监听类 ContextLoaderListener，它负责启动后台的应用上下文。

图 10.7 可以帮助我们理解 Spring Web 应用在启动 servlet 容器时的设计。

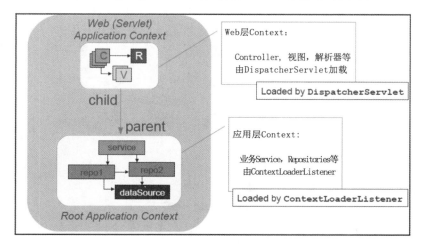

图 10.7　启动 servlet 容器时的设计

从图 10.7 中可以看到，由 getServletConfigClasses() 方法返回的 Web 组件 Bean 定义配置类会被 DispatcherServlet 加载，由 getRootConfigClasses() 方法返回的其他应用配置 Bean 类会被 ContextLoaderListener 加载。

注：基于 Java 的 Web 配置只有部署在支持 Servlet 3 的容器才能工作，如 Apache Tomcat 7 或更高版本。

接下来讨论如何开启 Spring MVC 框架的更多特性。

10.3 开启 Spring MVC

有许多方式可以配置 DispatcherServlet 和其他的 Web 组件。默认情况下 Spring MVC 框架的很多特性是没打开的，如 HttpMessageConverter 支持用 @Valid 检验 @Controller 的输入等。所以，可以使用基于 Java 或 XML 的配置来开启这些特性。

要开启 MVC 的 Java config，只需要在 @Configuration 类里加入声明 @EnableWebMvc：

```
import org.springframework.context.annotation.Configuration;
import org.springframework.web.servlet.config.annotation.EnableWebMvc;


@Configuration
@EnableWebMvc
public class SpringMvcConfig {
}
```

在 XML 配置里，可以使用 MVC namespace 和 <mvc:annotation-driven> 元素来开启声明驱动的 Spring MVC。

```
<?xml version="1.0" encoding="UTF-8"?>
<beans xmlns="http://www.springframework.org/schema/beans"
xmlns:mvc="http://www.springframework.org/schema/mvc"
xmlns:xsi="http://www.w3.org/2001/XMLSchema-instance"
xsi:schemaLocation="
http://www.springframework.org/schema/beans
http://www.springframework.org/schema/beans/spring-beans.xsd
http://www.springframework.org/schema/mvc
http://www.springframework.org/schema/mvc/spring-mvc.xsd">
```

```
<mvc:annotation-driven/>

</beans>
```

Spring MVC 高级特性可以用 @EnableWebMvc 声明或 XML namespace <mvc:annotation-driven/> 打开。框架允许通过继承 WebMvcConfigurerAdapter 类或实现 WebMvcConfigurer 接口来自定义缺省的配置。修改了一点的配置文件如下：

```
package com.packt.patterninspring.chapter10.bankapp.web.mvc;

import org.springframework.context.annotation.Bean;
import org.springframework.context.annotation.ComponentScan;
import org.springframework.context.annotation.Configuration;
import org.springframework.web.servlet.ViewResolver;
import org.springframework.web.servlet.config.annotation.DefaultServletHandlerConfigurer;
import org.springframework.web.servlet.config.annotation.EnableWebMvc;
import org.springframework.web.servlet.config.annotation.WebMvcConfigurerAdapter;
import org.springframework.web.servlet.view.InternalResourceViewResolver;


@Configuration
@ComponentScan(basePackages = {"
com.packt.patterninspring.chapter10.bankapp.web.controller"})
@EnableWebMvc
public class SpringMvcConfig extends WebMvcConfigurerAdapter{
 @Bean
 public ViewResolver viewResolver(){
 InternalResourceViewResolver viewResolver = new InternalResource ViewResolver();
 viewResolver.setPrefix("/WEB-INF/view/");
 viewResolver.setSuffix(".jsp");
 return viewResolver;
 }
@Override
```

```
public void configureDefaultServletHandling(DefaultServletHandler
    Configurer configurer)
{
configurer.enable();
}
}
```

在上述代码中，配置类 SpringMvcConfig 通过 @Configuration@ComponentScan@EnableWebM-vc 来声明。com.packt.patterninspring.chapter10.bankapp.web.controller 包会被扫描组件。这个类继承了 WebMvcConfigurerAdapter，并覆写了 configureDefaultServletHandling() 方法。我们也配置了一个 ViewResolver Bean。

到现在，你已经学习了什么是 MVC 模式及其架构，也学习了如何配置 DispatcherServlet 和开启额外的 Spring MVC 组件。在下一小节会讨论如何实现 controller，以及这些 controller 如何处理 Web 请求。

10.3.1 实现 controller

在 MVC 模式中，controller 是 MVC 模式的核心组件之一。它们负责执行实际的请求，准备 model 模型，将模型和逻辑视图名称发送给 front controller。在 Web 应用中，controller 工作在 Web 层和核心应用层之间。在 Spring MVC 框架中，controller 更像是带有方法的 POJO 类；这些方法也就是 handler，因为它们被声明为 @RequestMapping。接下来讨论在 Spring Web 应用中如何定义 controller 类。

用 @Controller 定义一个 controller

首先为银行应用创建一个 controller 类。HomeController 是一个"处理根／请求并渲染"银行应用主页的 controller 类：

```
package com.packt.patterninspring.chapter10.bankapp.web.controller;

import org.springframework.stereotype.Controller;
import org.springframework.web.bind.annotation.RequestMapping;
import org.springframework.web.bind.annotation.RequestMethod;

@Controller
public class HomeController {
```

```
@RequestMapping(value = "/", method = RequestMethod.GET)
public String home (){
return "home";
}
}
```

如同上面代码里，HomeController 类有一个 home() 方法。它是一个 handler 处理方法，因为它是用 @RequestMapping 声明的，制定了这个方法处理所有被映射到 URL 地址的请求。另一个需要注意的是，controller 类、HomeController 也是被 @Controller 声明的。由于 @Controller 是一个 stereotype 声明，所以它也被用来创建其他如 @Service 和 @Repository 这样属于 @Component 的元声明的 Spring IoC 容器 Bean。这个声明指定了任意类作为 controller，并给那个类增加了 Spring MVC 额外的能力。也可以使用 @Component 取代 @Controller 来创建 Web 应用的 Spring Bean，但在这里，这个 Bean 没有像 Web 层异常处理、handler 映射等 Spring MVC 框架的能力。

接下来讨论 @RequestMapping 声明以及 @RequestMapping 的变化使用。

10.3.2 用 @RequestMapping 映射请求

上节定义的 HomeController 类只有一个 handler 处理方法，并且这个方法是使用 @Request-Mapping 声明的。这里将使用这个声明的两个属性：一个是映射 HTTP 请求到模式的值，另一个属性是支持 HTTP GET 方法。我们可以给一个 handler 方法定义多个 URL 映射，代码如下：

```
@Controller
public class HomeController {
@RequestMapping(value = {"/", "/index"}, method = RequestMethod.GET)
public String home (){
return "home";
}
}
```

在以上代码中，@RequestMapping 的 value 属性有一个字符串类型的数组。现在，这个 handler 方法被映射到了两个 URL 模式，即"/"和"/index"。Spring MVC 的 @RequestMapping 声明支持多种 HTTP 方法，如 GET、POST、PUT 和 DELETE 等。在 4.3 版，Spring 组合了 @RequestMapping 的变量，现在提供了用来映射普通 HTTP 方法的简单方法，就像下面代码所展示的：

```
@RequestMapping + HTTP GET = @GetMapping
@RequestMapping + HTTP POST = @PostMapping
```

```
@RequestMapping + HTTP PUT = @PutMapping
@RequestMapping + HTTP DELETE = @DeleteMapping
```

这个使用了组合声明改版的 HomeController 是：

```
@Controller
public class HomeController {
@GetMapping(value = {"/", "/index"})
public String home (){
  return "home";
}
}
```

可以在类级别和方法级别使用 @RequestMapping。看下面的例子。

1. 方法级的 @RequestMapping

Spring MVC 允许在方法级使用 @RequestMapping，让这个方法作为 Spring Web 应用的 handler 处理方法。使用此方法的代码如下：

```
package com.packt.patterninspring.
chapter10.bankapp.web.controller;
import org.springframework.stereotype.Controller;
import org.springframework.ui.ModelMap;
import org.springframework.web.bind.annotation.RequestMapping;
import org.springframework.web.bind.annotation.RequestMethod;

import com.packt.patterninspring.chapter10.bankapp.model.User;

@Controller
public class HomeController {

@RequestMapping(value = "/", method = RequestMethod.GET)
public String home (){
  return "home";
}
@RequestMapping(value = "/create", method = RequestMethod.GET)
```

```
public String create (){
  return "addUser";
}
@RequestMapping(value = "/create", method = RequestMethod.POST)
public String saveUser (User user, ModelMap model){
  model.put("user", user);
  return "addUser";
}
}
```

就像上述代码展示的,在三个方法 home()、create() 和 saveUser() 上使用了 @RequestMapping 声明。这里也用了这个声明的 value 和 method 属性。value 属性指明了请求 URL 与请求的映射,method 属性用来定义像 GET 或 POST 这些 HTTP 请求的方法。映射规则一般是基于 URL 的,也可以像下面一样使用通配符:

```
- /create
- /create/account
- /edit/account
- /listAccounts.htm - 后缀默认被忽略
- /accounts/*
```

在上例中,handler 方法也有参数,这样就可以传递任何类型、任意数量的参数。Spring MVC 会像请求参数一样处理这些参数。让我们先看看如何在类级别定义 @RequestMapping,然后再讨论这些请求参数。

2. 类级别的 @RequestMapping

Spring MVC 允许在类级别使用 @RequestMapping。这表示可以在 controller 类上声明 @RequestMapping,代码如下:

```
package com.packt.patterninspring.chapter10.bankapp.web.controller;
import org.springframework.stereotype.Controller;
import org.springframework.ui.ModelMap;
import org.springframework.web.bind.annotation.RequestMapping;
import org.springframework.web.bind.annotation.RequestMethod;
```

```
@Controller
@RequestMapping("/")
public class HomeController {
@RequestMapping(method=GET)
public String home() {
  return "home";
}
}
```

以上代码中,HomeController 类使用了 @RequestMapping 和 @controller 声明。但 HTTP 方法还是定义在下面的 handler 方法。类级别的映射是应用在这个 controller 下所有的 handler 方法上的。

Spring MVC 配置好后,创建了一个有 handler 方法的 controller 类。让我们在继续完成更多细节前测试下这个 controller。在这本书中,由于没有使用任何 Junit 测试用例,所以这里直接在 Tomcat 容器里运行这个 Web 应用。你可以在打开浏览器后看到以下输出,如图 10.8 所示。

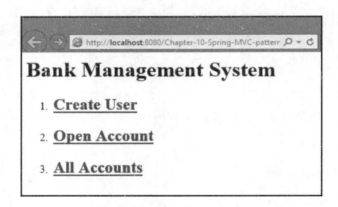

图 10.8　输出页面

图 10.8 是银行管理系统应用的主页。

注：在 Spring 3.1 之前,Spring MVC 将请求映射给 handler 方法需要两步：第一步,由 DefaultAnnotationHandlerMapping 选择处理的 controller；第二步,AnnotationMethodHandlerAdapter 负责将进入的请求映射给实际处理的方法。但在 Spring 3.1 中,Spring MVC 映射请求只有一步,直接通过 RequestMappingHandlerMapping 转给处理的 handler 方法。

接下来讨论如何在 Spring MVC 允许的方式来定义 handler 方法,返回类型和参数。

3. 定义 @RequestMapping 的 handler 方法

在 Spring MVC 框架中, @RequestMapping handler 方法在定义签名上是很灵活的。可以以任意顺序传递任意数量的参数。这些方法支持大部分类型的参数, 而且在返回类型上也一样灵活。它可以有很多返回类型, 如下:

- 支持的方法参数类型
  - 请求或响应对象 (Servlet API)
  - Session 对象 (Servlet API)
  - Java.util.Locale
  - Java.util.TimeZone
  - java.util.Locale
  - java.util.TimeZone
  - java.io.InputStream / java.io.Reader
  - java.io.OutputStream / java.io.Writer
  - java.security.Principal
  - @PathVariable
  - @RequestParam
  - @RequestBody
  - @RequestPart
  - java.util.Map / org.springframework.ui.Model / org.springframework.ui.ModelMap
  - org.springframework.validation.Errors / org.springframework.validation.BindingResult
- 支持的方法返回类型
  - ModelAndView
  - Model
  - Map
  - View
  - String
  - void
  - HttpEntity<?> or ResponseEntity<?>
  - HttpHeaders
  - Callable<?>
  - DeferredResult<?>

看起来, Spring MVC 在原生定义 request handler 方法时的灵活和可定制型不像其他 MVC 框架。

注：在 Spring MVC 框架,handler 方法可以接受任意顺序的参数,但在 Errors 或 BindingResult 参数的场景,需要先设置这些参数,后面紧跟着被绑定的模型对象,因为 handler 方法可能有任意数量的模型对象,而 Spring MVC 为每个 Errors 或 BindingResult 创建单独的实例。如:

（1）无效的位置:

```
@PostMapping public String saveUser(@ModelAttribute ("user")
User user, ModelMap model, BindingResult result){...}
```

（2）有效的位置:

```
@PostMapping public String saveUser(@ModelAttribute ("user")
User user, BindingResult result, ModelMap model){...}
```

接下来讨论如何将模型数据传递给视图层。

10.4 传递模型数据给 View 视图

到现在为止,实现了一个非常简单的 HomeController,并进行了测试。但在 Web 应用中,也会将模型数据传给视图层。我们传给了模型数据（简单来讲,是一个 Map）,controller 返回了模型与逻辑视图名称。当然,Spring MVC 支持多种 handler 方法的返回类型。示例代码如下:

```
package com.packt.patterninspring.chapter10.bankapp.web.controller;


import java.util.List;


import org.springframework.beans.factory.annotation.Autowired;
import org.springframework.stereotype.Controller;
import org.springframework.ui.ModelMap;
import org.springframework.web.bind.annotation.GetMapping;
import org.springframework.web.bind.annotation.PostMapping;
import com.packt.patterninspring.chapter10.bankapp.model.Account;
import com.packt.patterninspring.chapter10.bankapp.service.AccountService;


@Controller
public class AccountController {
```

```
@Autowired
AccountService accountService;
@GetMapping(value = "/open-account")
public String openAccountForm (){
  return "account";
}
@PostMapping(value = "/open-account")
public String save (Account account, ModelMap model){
  account = accountService.open(account);
  model.put("account", account);
  return "accountDetails";
}
@GetMapping(value = "/all-accounts")
public String all (ModelMap model){
  List<Account> accounts = accountService.findAllAccounts();
  model.put("accounts", accounts);
  return "accounts";
}
}
```

从上述示例可看到，AccountController 类有三个 handler 方法。两个 handler 方法返回了带逻辑视图名称的模型数据。但在这个例子中，用了 Spring MVC 的 ModelMap，所以不需要强制性地作为逻辑视图返回，它被自动绑定到了 http 的响应里。

后面会学到如何接受请求参数。

10.4.1　接受请求参数

在一个 Spring Web 应用，有时只是像例子里的一样从服务端读取数据。从所有账户读取数据是一个简单的读调用，没有任何请求参数需要。但如果需要从一个特定账户读取数据，那么则需要在请求参数中传递账户 ID。同样地，当需要在银行创建一个新账户时，需要传递一个账户对象作为参数。在 Spring MVC 中，可以用以下方式接受请求参数：

● 从查询参数
● 从路径变量里的请求参数
● 从表单参数

接下来逐个看每种方式。

1. 从查询参数

在 Web 应用中,如果想获取特定账户的详细信息,可以从请求账户 ID 的请求中获取请求参数。以下代码是从请求参数中获取账户 ID:

```
@Controller
public class AccountController {
@GetMapping(value = "/account")
public String getAccountDetails (ModelMap model, HttpServletRequest request){
String accountId = request.getParameter("accountId");
Account account = accountService.findOne(Long.valueOf(accountId));
model.put("account", account);
return "accountDetails";
}
}
```

在以上代码中,使用了传统的方式获取请求的参数。Spring MVC 框架提供了一个声明 @RequestParam,用来获取请求参数。用 @RequestParam 来将请求参数绑定到一个 controller 的方法参数上。以下代码展示了如何使用 @RequestParam 声明。它从请求中抽取参数,并进行类型转换:

```
@Controller
public class AccountController {
@GetMapping(value = "/account")
public String getAccountDetails (ModelMap model, @RequestParam("accountId")
        long accountId){
  Account account = accountService.findOne(accountId);
  model.put("account", account);
  return "accountDetails ";
}
}
```

以上代码通过使用 @RequestParam 声明来获取请求参数,你应该也会注意到我没有使用从 String 到 Long 的类型转换,这个声明会自动完成这个转换。另外需要说明的是,使用这个声明的参数默认是必填的,但 Spring 允许通过使用 @RequestParam 声明的 required 属性来覆写这个行为。

```
@Controller
public class AccountController {
@GetMapping(value = "/account")
public String getAccountDetails (ModelMap model,
  @RequestParam(name = "accountId") long accountId
  @RequestParam(name = "name", required=false) String name){
  Account account = accountService.findOne(accountId);
  model.put("account", account);
  return " accountDetails ";
  }
}
```

接下来讨论如何使用路径变量来作为请求路径的输入。

2. 通过路径变量获取请求参数

Spring MVC 允许通过 URI 传递参数而不是通过请求参数来传递。传递的值可以从被请求的 URL 中抽取，它基于 URI 模板。这不是 Spring 自创的概念，它是许多框架都会使用的 {…} 占位符和 @PathVariable 声明。它使不用请求参数而保留一个干净的 URL 成为可能。示例如下：

```
@Controller
public class AccountController {
@GetMapping("/accounts/{accountId}")
public String show(@PathVariable("accountId") long accountId, Model model){
  Account account = accountService.findOne(accountId);
  model.put("account", account);
  return "accountDetails";
}
...
}
```

在上述例子中，handler 方法可以处理以下请求，如图 10.9 所示。

```
http://localhost:8080/Chapter-10-Spring-MVC-pattern/account?accountId=1000
```

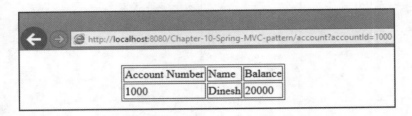

图 10.9　处理请求 1

但在这个例子中，handler 方法可以处理以下请求，如图 10.10 所示。

```
http://localhost:8080/Chapter-10-Spring-MVC-pattern/accounts/2000
```

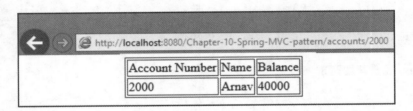

图 10.10　处理请求 2

在上述代码中，我们已经看到如何通过请求参数或路径参数来传递一个值。在请求需要的数据很小时都没有问题。但在一些场景里，则需要传给服务器大堆的数据，如表单提交。接下来讨论如何写处理表单提交的 controller 方法。

10.4.2　处理 Web 页面的表单

在任何 Web 应用，我们可以向服务器发送和接收数据。在一个 Web 应用中，我们填充表单后发送数据，并将这个表单提交给服务器。Spring MVC 也提供了通过显示表单、校验表单数据、提交表单数据这样为客户端处理表单的支持。

Spring MVC 基本上先进行表单显示和表单处理。在银行管理应用中，需要先创建一个新用户，并在银行开一个新账户。所以让我们先创建一个 controller 类：AccountController，其有一个为显示账户开通表单的处理方法：

```java
package com.packt.patterninspring.chapter10.bankapp.web.controller;


import org.springframework.stereotype.Controller;
import org.springframework.web.bind.annotation.GetMapping;
```

```
@Controller
public class AccountController {
@GetMapping(value = "/open-account")
public String openAccountForm (){
  return "accountForm";
}
}
```

OpenAccountForm() 方法的 @GetMapping 声明表示它会处理路径为"/open-account"的 HTTP GET 请求。它是个简单方法，不需要输入参数并且只返回一个叫 accountForm 的逻辑视图。我们已经配置过 InternalResourceViewResolver，这表示在"/WEB-INF/views/accountForm.jsp"的 JSP 会被调用来渲染开通账户的表单。

这里会用到的 JSP：

```
<%@ taglib prefix = "c" uri = "http://java.sun.com/jsp/jstl/core" %>
<html>
<head>
  <title>Bank Management System</title>
  <link rel="stylesheet" type="text/css" href="<c:url value="/
  resources/style.css" />" >
</head>

<body>
<h1>Open Account Form</h1>
  <form method="post">
    Account Number:<br>
    <input type="text" name="id"><br>
    Account Name:<br>
    <input type="text" name="name"><br>
    Initial Balance:<br>
    <input type="text" name="balance"><br>
    <br>
    <input type="submit" value="Open Account">
  </form>
</body>
```

```
</html>
```

从上述代码可看到，我们有一个开通账户的表单。它有一些字段，如 Account Number（账户号）Account Name（账户名）和 Initial Balance（初始存款）。这个 JSP 页面有表单的 <Form> 标签，并且这个 <form> 标签没有任何 action 参数。这表示当我们提交这个表单时，它会通过 HTTP 方法 POST 提交表单数据到同样的 URI /open-account。开户表单页面如图 10.11 所示。

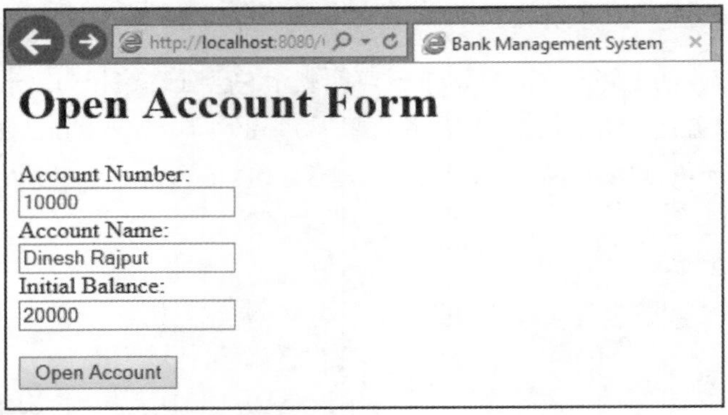

图 10.11　开户表单页面

让我们加另一个处理方法来处理相同 URL /open-account 的 HTTP POST 方法。

10.4.3　实现一个表单处理 controller

给同一个 AccountController 类添加另一个处理方法来处理 URI /open-account 的 HTTP POST 请求，代码如下：

```
package com.packt.patterninspring.chapter10.bankapp.web.controller;

import java.util.List;

import org.springframework.beans.factory.annotation.Autowired;
import org.springframework.stereotype.Controller;
import org.springframework.ui.ModelMap;
import org.springframework.web.bind.annotation.GetMapping;
import org.springframework.web.bind.annotation.PathVariable;
import org.springframework.web.bind.annotation.PostMapping;
```

```
import com.packt.patterninspring.chapter10.bankapp.model.Account;
import com.packt.patterninspring.chapter10.bankapp.service.AccountService;

@Controller
public class AccountController {
@Autowired
AccountService accountService;
@GetMapping(value = "/open-account")
public String openAccountForm (){
return "accountForm";
}
@PostMapping(value = "/open-account")
public String save (Account account){
accountService.open(account);
return "redirect:/accounts/"+account.getId();
}
@GetMapping(value = "/accounts/{accountId}")
public String getAccountDetails (ModelMap model, @PathVariable
Long
accountId){
Account account = accountService.findOne(accountId);
model.put("account", account); return "accountDetails";
}
}
```

就像上面的代码,给 AccountController 加了两个 handler 方法,而且将 AccountService 注入了这个 controller 来保存账户信息到数据库。当处理开通账户表单的 POST 请求时,controller 接收账户表单数据,并使用注入过的 account service 将数据保存到数据库。它将收到的 account 表单数据作为一个 Account 对象。可以看到,在处理完使用 HTTP POST 方法的表单数据后,handler 方法跳转到账户明细页面。这也是一个使用 POST 提交的较好例子,防止二次提交表单。提交表单后的页面如图 10.12 所示。

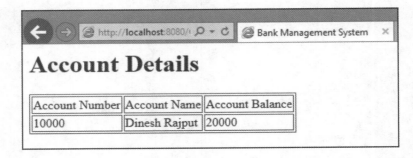

图 10.12 提交表单后的页面

就像你看到的浏览器输出，在提交完账户表单后页面被渲染了一样，这是因为我们增加了一个 handler 处理方法，这个处理方法处理了请求，并渲染了包括账户明细的另一个 Web 页面。以下 JSP 页面是渲染输出的页面：

```jsp
<%@ taglib prefix = "c" uri = "http://java.sun.com/jsp/jstl/core" %>
<html>
<head>
  <title>Bank Management System</title>
  <link rel="stylesheet" type="text/css" href="<c:url value="/
  resources/style.css" />" >
</head>
<body>
  <h1>${message} Account Details</h1>
    <c:if test="${not empty account }">
       <table border="1">
           <tr>
               <td>Account Number</td>
               <td>Account Name</td>
               <td>Account Balance</td>
           </tr>
           <tr>
               <td>${account.id }</td>
               <td>${account.name }</td>
               <td>${account.balance }</td>
           </tr>
```

```
                </table>
        </c:if>
</body>
</html>
```

在上述代码中, handler 方法发送 Account 对象给 model, 并返回逻辑视图名。JSP 页面从 response 响应里渲染 Account 对象。

注: 这里要注意一点, Account 对象有 ID、名称和余额属性, 其会被请求参数中与账户表单字段名相同的值填充。如果任何对象属性名与 HTML 表单的字段名相同, 则这个属性会被初始化成 NULL 值。

10.5 使用 Command 设计模式进行数据绑定

将请求封装成一个对象, 从而使之具有不同的请求, 队列或日志请求的客户端参数化, 并支持 undo 操作。

第3章在讨论结构与行为模式时已经学过 Command 设计模式。它是 GoF 设计模式里面行为模式家族的一部分, 并且是一个很简单的数据驱动模式。它允许你将请求数据封装到一个对象, 并将对象作为一个 command 命令去调用方法, 被调用的方法返回命令作为另一个对象给调用方。

Spring MVC 实现了 Command 命令设计模式将 Web 表单的请求数据绑定到对象上, 并将对象传给 controller 类里处理请求的 handler 方法。这里, 我们看看如何使用这个模式将请求数据绑定到对象, 也看看使用数据绑定的好处与可能性。在下面这个类, Account java Bean 是一个有 id、name 与 balance 三个属性的简单对象:

```
package com.packt.patterninspring.chapter10.bankapp.model;

public class Account{
Long id;
Long balance;
String name;
public Long getId() {
  return id;
}
public void setId(Long id) {
  this.id = id;
```

```
}
public Long getBalance() {
  return balance;
}
public void setBalance(Long balance) {
  this.balance = balance;
}
public String getName() {
  return name;
}
public void setName(String name) {
  this.name = name;
}
@Override
public String toString() {
  return "Account [id=" + id + ", balance=" + balance + ", name=" + name +
"]";
}
}
```

无论提交与对象属性名相同的 Web 表单输入框字段，或收到以下请求"http://localhost:8080/Chapter-10-Spring-MVC-pattern/account?id=10000"。在上面两个例子里，在幕后 Spring 调用了 Account 类的 set 方法将请求数据或 Web 表单数据绑定到对象。Spring 也允许用户绑定索引过的集合，如 List、Map 等。

我们也可以定制数据绑定。Spring 提供了两种方式来定制数据绑定：

① 全局定制：在整个 Web 应用里为特定 Command 命令对象定制数据绑定行为。

② 为每个 controller 定制：为特定的 Command 对象定制每个 controller 类的数据绑定行为。

这里，只讨论定制每个 controller。以下是 Account 对象定制数据绑定的代码片段：

```
package com.packt.patterninspring.chapter10.bankapp.web.controller;

...
...
@Controller public class AccountController {
@Autowired
```

```
AccountService accountService;
...

...

@InitBinder
public void initBinder(WebDataBinder binder) {
  binder.initDirectFieldAccess();
  binder.setDisallowedFields("id");
  binder.setRequiredFields("name", "balance");
}
...

...

}
```

就像以上代码展示的,AccountController 有一个被声明为 @InitBinder 的 initBinder(Web-DataBinder binder) 方法。这个方法必须是 void 的返回类型,并以 org.springframework.web.bind. WebDataBinder 作为方法参数。在前面的代码里使用了一部分 WebDataBinder 对象一些方法, WebDataBinder 是用来定制数据绑定的。

使用 @ModelAttribute 定制数据绑定

SpringMVC 还提供了另一个声明 @ModelAttribute,用来将数据绑定到 Command 对象。这是将数据绑定与定制的另一种方式。这个声明允许用户控制 Command 对象的创建。在 Spring MVC 应用中,这个声明可以被用在方法和方法参数上。示例如下:

● 在方法上使用 @ModelAttribute

在方法上使用 ModelAttribute 来创建表单里用的对象:

```
package com.packt.patterninspring.chapter10.bankapp.web.controller;
...

...

@Controller
public class AccountController {
...

@ModelAttribute
public Account account () {
    return new Account();
```

```
    }
    ...
    }
```

● 在方法参数上使用 @ModelAttribute

在方法参数上使用这个声明。在这个场景里，handler 方法的参数是从模型对象中查找的。如果在模型中没有，它们会使用默认构造函数创建：

```
package com.packt.patterninspring.chapter10.bankapp.web.controller;
...
...
@Controller public class AccountController {
...
@PostMapping(value = "/open-account")
public String save (@ModelAttribute("account") Account account){
  accountService.open(account);
  return "redirect:/accounts/"+account.getId();
}
...
}
```

就像上面代码展示的，@modelAttribute 被用在方法的参数上。这表示 Account 对象是从模型对象获取的。如果没有，它会被默认用构造函数创建。

注：当 @ModelAttribute 被放在方法上，这个方法会在请求处理方法被调用前调用。

到目前为止，我们已经学习了 Spring MVC 如何用传统方式或用 @RequestParam，@PathVariable 来处理请求和请求参数，我们也学习了如何处理表单页面和在 controller 层将表单绑定到一个对象的方式来处理 POST 请求。接下来讨论如何校验提交的表单数据在业务逻辑上是否有效或无效。

10.6　校验表单输入参数

在 Web 应用中，校验表单数据很重要，这是因为用户可以提交任何东西。假设在应用里，用户填写账户名后提交账户表单，然后在银行创建一个持有人的新账号。所以，我们需要在数据库创建新记录前保证表单数据是有效的。不需要在 handler 方法里处理校验逻辑。Spring 对 JSR-303API 提供支持。在 Spring 3 中，Spring MVC 支持此 Java 检验 API。在 Spring Web 应用中配置 Java 校验 API 并不需要很多配置——你只需要在你的应用类路径里加入这个 API 的实现,比如 Hibernate Validator。

　　Java 校验 API 有几个声明可以用来校验 Command 对象的属性。可以在 Command 对象的属性上设置一些约束。这里不再展示这些声明,但从以下例子中可以看到其中一些声明:

```java
package com.packt.patterninspring.chapter10.bankapp.model;

import javax.validation.constraints.NotNull;
import javax.validation.constraints.Size;

public class Account{
// Not null
@NotNull
Long id;
// Not null
@NotNull
Long balance;
// Not null, from 5 to 30 characters
@NotNull @Size(min=2, max=30)
String name;
public Long getId() {
  return id;
}
public void setId(Long id) {
  this.id = id;
}
public Long getBalance() {
  return balance;
}
public void setBalance(Long balance) {
  this.balance = balance;
}
public String getName() {
  return name;
}
```

```
public void setName(String name) {
  this.name = name;
}
@Override
public String toString() {
  return "Account [id=" + id + ", balance=" + balance + ", name=" + name +
"]";
}
}
```

就像上面展示的，Account 类的属性现在被声明成 @NotNull 来保证值必须不能为空，一些属性也被声明成 @Size 来保证字符的数量在最小与最大长度之间。

只对 Account 对象的属性声明并不够，而且像下面这样声明 AccountController 类的 save() 方法参数：

```
package com.packt.patterninspring.chapter10.bankapp.web.controller;
...
...
@Controller
public class AccountController {
...
@PostMapping(value = "/open-account")
public String save (@Valid @ModelAttribute("account") Account account,
       Errors errors){
  if (errors.hasErrors()) {
      return "accountForm";
  }
  accountService.open(account);
  return "redirect:/accounts/"+account.getId();
}
...
}
```

如上述代码，现在 Account 参数已经用 @Valid 来声明，这会指明 Spring 这个 command 对象有检验约束需要被执行。当我们提交无效数据时，开通账户的表单的输出如图 10.13 所示。

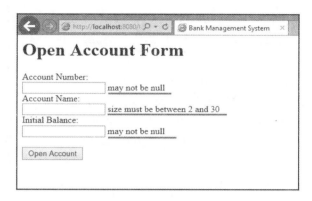

图 10.13 表单输出

当提交一个空表单时,它会被跳转到带有校验错误的相同页面。Spring 也允许在 properties 文件里配置这些信息来定制这些校验消息。

现在我们已经学到了 MVC 模式里的 controller 组件以及如何创建和配置一个 Web 应用。接下来讨论 MVC 模式的另一个组件:View 视图。

10.7　在 MVC 模式中实现 View 视图

View 视图是 MVC 模式中最重要的组件。Controller 将模型和逻辑视图名称返回给 Front Controller。Front Controller 使用配置好的视图解析器解析出真正的视图。Spring MVC 提供了不少视图解析器支持多种视图技术,如 JSP、Velocity、FreeMarker、JSF、Tiles 和 Thymeleaf 等。可以基于应用中使用的视图技术来配置视图解析器。图 10.14 可以帮助我们理解 Spring MVC 的视图模式。

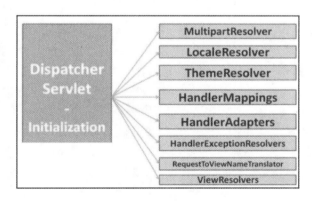

图 10.14　Spring MVC 视图模式

就像图 10.14 展示的,Spring MVC 的 Front Controller 基于不同的视图技术提供不同的视图解析器。但在这一章,我们只使用 JSP 这个视图技术,即使用 JSP 相关的解析器:InternalResourceViewResolver。

视图渲染 Web 输出,针对 JSP 和 XSLT,模板 (Velocity,FreeMarker) 有很多内置的视图。Spring MVC 对于创建 PDF、Excel 表格等也有视图支持类。

Controller 返回了一个逻辑视图名,而 Spring 的 ViewResolver 基于视图名选择了一个对应的视图。接下来讨论如何在 Spring MVC 应用中配置 ViewResolver。

10.7.1 在 Spring MVC 中定义 ViewResolver

在 Spring MVC 中,DispatcherServlet 委托 ViewResolver 基于视图名来获取视图的实现。默认的 ViewResolver 认为视图名是 Web 应用相关的文件路径,如一个 JSP:/WEB-INF/views/account.jsp。我们可以在给 DispatcherServlet 注册 ViewResolver 时覆盖这个默认配置。在 Web 应用中使用了 InternalResourceViewResolver,是因为它与 JSP 视图相关,但在 Spring MVC 还有其他一些选项可用,这在前面的章节已提到过。

1. 实现视图

下面是 MVC 模式中渲染视图的代码:

```
accountDetails.jsp:
<%@ taglib prefix = "c" uri = "http://java.sun.com/jsp/jstl/core" %>
<html>
  <head>
    <title>Bank Management System</title>
    <link rel="stylesheet" type="text/css" href="<c:url value="/
    resources/style.css" />" >
  </head>
  <body>
    <h1>${message} Account Details</h1>
      <c:if test="${not empty account }">
          <table border="1">
              <tr>
                  <td>Account Number</td>
                  <td>Account Name</td>
```

```
                    <td>Account Balance</td>
            </tr>
            <tr>
                <td>${account.id }</td>
                <td>${account.name }</td>
                <td>${account.balance }</td>

            </tr>
        </table>
    </c:if>
  </body>
</html>
```

就像上述代码所示，Spring MVC 会在 controller 将逻辑视图名 accountDetails 在返回时渲染这个视图。但 Spring MVC 是如何解析的呢？先来看看 Spring 配置 ViewResolver 的代码。

2. 注册 ViewResolver

先注册 JSP 的 ViewResolver，也就是在 Spring Web 应用中配置 InternalResourceViewResolver，代码如下：

```java
package com.packt.patterninspring.chapter10.bankapp.web.mvc;

import org.springframework.context.annotation.Bean;
import org.springframework.context.annotation.ComponentScan;
import org.springframework.context.annotation.Configuration;
import org.springframework.web.servlet.ViewResolver;
import org.springframework.web.servlet.config.annotation.EnableWebMvc;
import org.springframework.web.servlet.config.annotation.WebMvcConfigurerAdapter;
import org.springframework.web.servlet.view.InternalResourceViewResolver;

@Configuration
@ComponentScan(basePackages = {"com.packt.patterninspring.
                                chapter10.bankapp.web.controller"})
@EnableWebMvc
public class SpringMvcConfig extends WebMvcConfigurerAdapter{
```

```
...
@Bean
public ViewResolver viewResolver(){
  InternalResourceViewResolver viewResolver = new
  InternalResourceViewResolver();
  viewResolver.setPrefix("/WEB-INF/views/");
  viewResolver.setSuffix(".jsp");
  return viewResolver;
  }
   ...
}
```

如上述代码所示，如果 controller 返回的逻辑视图名是 accountDetails，那么 Web 应用里所有视图用的 JSP 文件都放在"/WEB-INF/views/"目录里。账户明细页是 accountDetails.jsp 视图。根据之前的配置，controller 返回的逻辑视图名都会被加上前缀"/WEB-INF/views/"和后缀".jsp"。如果应用 controller 返回了名字为 accountDetails 作为逻辑视图名，则 ViewResolver 将其给逻辑视图名添加前缀和后缀来转换成物理路径。图 10.15 说明了 Spring MVC Front Controller 是如何解析视图的。

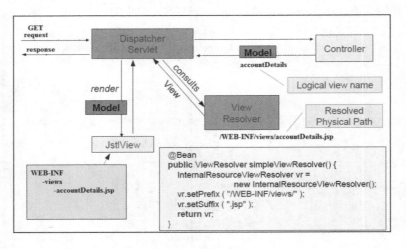

图 10.15　解析视图

图 10.15 从宏观上解释了 MVC 模式和 Front Controller 里 Spring MVC 的请求流是如何在所有的组件中进行的。无论是 HTTP GET、POST 等任何请求，要先进入 Front Controller，实际上就是 Spring MVC 的 DispatcherServlet。Spring Web 应用的 controller 负责生成和更新 model 模型，而 model 是 MVC 模式的另一个组件。最终，controller 返回一个带有逻辑视图名的 model 模型给

DispatcherServlet;它再请求配置好的视图解析器,解析出视图的物理路径。视图 View 是 MVC 模式的另一个组件。

下一节会详细介绍 View Helper 模式,包括 Spring 是如何在 Spring Web 应用中支持这个模式的。

10.7.2　View Helper 模式

View Helper 模式分离了静态视图,如解耦了 JSP 处理业务模型数据。View Helper 模式主要在展示层适配模型数据和视图组件。View Helper 可以基于业务需求格式化模型数据,但它不能为业务生成模型数据。View Helper 模式如图 10.16 所示。

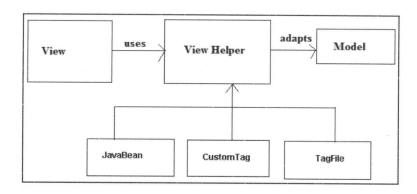

图 10.16　View Helper 模式

我们知道 View 视图是 MVC 模式里一个静态的格式化组件,但有时需要在展示层处理一些业务逻辑。如果用了 JSP,就可以在视图层用 scriptlet 脚本来处理业务逻辑,但使用 scriptlet 脚本不是一个最佳实践,因为它将视图和业务逻辑耦合了起来。但基于 View Helper 模式的 View Helper 类将在展示层处理业务逻辑的责任承担起来了。一些基于 View Helper 模式的技术如下:

- JavaBeans View helper
- 标签 LibraryView helper
    - 使用 JSTL 标签;
    - 使用 spring 标签;
    - 使用第三方标签库。

以下是 Web 应用使用的标签库:

```
<%@ taglib prefix = "c" uri = "http://java.sun.com/jsp/jstl/core" %>
<c:if test="${not empty account }">
```

```
...

...

</c:if>


<%@ taglib prefix="form" uri="http://www.springframework.org/tags/form"%>
<form:form method="post" commandName="account">
...

...

</form:form>
```

如上述代码所示,这里用了 JSTL 标签库来检查模型中是否有空账户,Spring 标签库来创建 Web 应用中的开户表单。

下一小节讲述组合视图模式,以及 Spring MVC 如何在 Web 应用中提供它的实现。

10.7.3 使用 Apache Tile 视图解析器的组合视图模式

在一个 Web 应用中,View 视图是最重要的组件之一。开发这个组件并不容易,而且维护它也很复杂并极具挑战。当我们创建视图时,都会关心视图组件的可重用性,可以写一些可以被重用到其他视图页面的静态模板。根据 GoF 设计模式的组合模式,可将子视图组件组合成需要的视图组件。组合视图模式提升了视图的可重用性,相比较于建一个大而复杂的视图而言,使用多个子视图更利于维护。组合视图模式如图 10.17 所示。

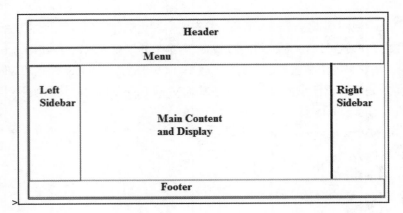

图 10.17　组合视图模式

如图 10.17 所示,可以创建多个子视图作为一个视图,而子视图可以在整个 Web 应用里重用。

Spring MVC 为使用诸如 SiteMesh 和 Apache Tiles 这类框架提供组合视图模式实现的支持。这里先讨论 Apache Tiles，然后讨论如何配置 Apache Tiles 的 ViewResolver。

配置 Tiles ViewResolver

在 Spring MVC 应用里配置 Apache Tiles。要配置它，则需要在 Spring 配置文件中配置两个 Bean，代码如下：

```
package com.packt.patterninspring.chapter10.bankapp.web.mvc;
...
@Configuration
@ComponentScan(basePackages =
 {"com.packt.patterninspring.chapter10.bankapp.web.controller"})
@EnableWebMvc
public class SpringMvcConfig extends WebMvcConfigurerAdapter{
...
@Bean
public TilesConfigurer tilesConfigurer() {
TilesConfigurer tiles = new TilesConfigurer();
tiles.setDefinitions(new String[] {
    "/WEB-INF/layout/tiles.xml"
});
tiles.setCheckRefresh(true);
return tiles;
}
@Bean
public ViewResolver viewResolver() {
 return new TilesViewResolver();
}
...
}
```

在以上配置文件中，配置了两个 Bean：TilesConfigurer 和 TilesViewResolver。第一个 Bean——TilesConfigurer，负责定位和加载 tile 定义，并且协调 tiles。第二个 Bean——TilesViewResolver，负责解析 tile 定义的逻辑视图名。应用的 XML 文件 tiles.xml 里有 tile 的定义。以下是 tiles 配置文件：

```
<tiles-definitions>
<definition name="base.definition" template="/WEBINF/views/
 mainTemplate.jsp">
<put-attribute name="title" value=""/>
<put-attribute name="header" value="/WEB-INF/views/header.jsp"/>
<put-attribute name="menu" value="/WEB-INF/views/menu.jsp"/>
<put-attribute name="body" value=""/>
<put-attribute name="footer" value="/WEB-INF/views/footer.jsp"/>
</definition>
<definition extends="base.definition" name="openAccountForm">
<put-attribute name="title" value="Account Open Form"/>
<put-attribute name="body" value="/WEB-INF/views/accountForm.jsp"/>
</definition>
<definition extends="base.definition" name="accountsList">
<put-attribute name="title" value="Employees List"/>
<put-attribute name="body" value="/WEB-INF/views/accounts.jsp"/>
</definition>
...
...
</tiles-definitions>
```

上述代码中,<tiles-definitions> 元素有多个 <definition> 元素。每个 <definition> 元素定义一个 tile,每个 tile 引用了一个 JSP 模板。一些 <definition> 元素继承了基础的 tile 定义,因为基础的 tile 定义对 Web 应用所有视图的通用图层布局。

以下是基础定义模板 mainTemplate.jsp:

```
<%@ taglib uri="http://www.springframework.org/tags" prefix="s" %>
<%@ taglib uri="http://tiles.apache.org/tags-tiles" prefix="t" %>
<%@ page session="false" %>
<html>
<head>
<title>
  <tiles:insertAttribute name="title" ignore="true"/>
</title>
</head>
```

```
<body>
<table border="1" cellpadding="2" cellspacing="2" align="left">
  <tr>
    <td colspan="2" align="center">
      <tiles:insertAttribute name="header"/>
    </td>
  </tr>
  <tr>
    <td>
      <tiles:insertAttribute name="menu"/>
    </td>
    <td>
      <tiles:insertAttribute name="body"/>
    </td>
  </tr>
  <tr>
    <td colspan="2" align="center">
      <tiles:insertAttribute name="footer"/>
    </td>
  </tr>
</table>
</body>
</html>
```

在上述代码中，使用了 tiles 标签库的 <tiles:insertAttribute> JSP 标签来插入其他模板。
接下来讨论设计和开发 Web 应用的一些最佳实践。

10.8　Web 应用设计的最佳实践

以下是当设计和开发 Web 应用时需要考虑的一些最佳实践：

● 由于 Spring DI 模式及灵活的 MVC 模式，Spring MVC 是设计和开发 Web 应用的最佳选择，
  而且 Spring 的 DispatcherServlet 也很灵活并可高度定制化。

● 在任何 Web 应用中使用 MVC 模式，front controller 需要抽象通用并尽可能轻量化。

● 维持一个 Web 应用各层间干净的关注点分离很重要。将各层间分离促进了应用清晰的设计。

- 如果一个应用层对其他层有过多依赖,最好的方法是引入其他层来减少对其他层的依赖。
- 在 Web 应用中永远不要将 DAO 对象注入 controller;只将 service 对象注入 controller。DAO 对象必须被注入 service 层,这样 service 层可以与数据存取层交互,而视图层则与 service 层交互。
- 像 service、DAO 和展示层这种应用层必须是可插拔的,并且不能与之绑定,使用接口降低与具体实现的耦合,因为我们知道应用层间解耦更容易测试和维护。
- 强烈建议将 JSP 文件放在 WEB-INF 目录,因为这个地址不会被任何客户端访问到。
- 要在 JSP 文件中指定 command 命令对象的名字。
- JSP 文件不要有任何业务逻辑和业务处理,对于这个需求,我们强烈建议使用 View helper 类如标签、类库和 JSTL 等。
- 从类似 JSP 这种基于模板的视图中删除编程逻辑。
- 创建可在视图间组合模型数据的可重用组件。
- MVC 引入的 MVC 模式组件都要有一致的行为。这表示 controller 需要遵守单一职责原则。controller 只负责委托业务逻辑的调用和视图选择。
- 最后,配置文件的命名要一致。比如,像 controller、拦截器 (interceptor) 和视图解析器 (view resolver) 这些 Web Bean 都必须定义在独立的配置文件里。其他像 service、repository 等应用 Bean 必须定义在其他独立文件,就像安全需求一样。

10.9　小　结

在本章,首先我们学习了 Spring 框架是如何帮我们开发一个基于 Web 的灵活和松耦合的应用。Spring 使用声明在 Web 应用中提供了近似 POJO 的开发体验;学习了 Spring MVC,可以通过开发处理请求的 controller 来创建 Web 应用,这些 controller 很容易测试;还学习了 MVC 模式,包括它的起源和要解决的问题。Spring 框架实现了 MVC 模式,这表示对任何 Web 应用,都有三个组件:model 模型、View 视图和 controller。

其次,Spring MVC 实现了 Application Controller(应用控制器) 和 Front Controller(前端控制器)。Spring 的 dispatcher(转发器) servlet(org.springframework.web.servlet.DispatcherServlet) 在 Web 应用中作为 Front Controller。这个转发器(或叫前端控制器)通过使用 handler 映射对所有请求做路由。在 Spring MVC 中,controller 类的 handler 方法相当灵活。这些 handler 方法处理所有的 Web 请求。@RequestParam 是处理请求参数的一种方式,并且在测试用例中也不需要使用 http 请求对象来测试。

再次,探索了请求处理的流程,并讨论了所有在这个流程里相关的组件。DispatcherServlet 可以被认为是 Spring MVC 的主组件;它扮演了 Spring MVC 里的 front controller 角色。另一个主组件是视图解析器 view resolver,其负责根据应用中配置好的视图解析器将模型数据渲染到任意像 JSP、Thymeleaf、FreeMarker、velocity、PDF 和 XML 这样的视图模板。Spring MVC 对多种视图技术提供支持,但在这一章里,只讨论了如何用 JSP 为 controller 写视图,以及用 Apache Tiles 为视图添加了一致性的图层布局。

　　最后,覆盖了 Web 应用架构,讨论了像域 (domain)、用户接口 (user interface)、Web、service 和数据存取这些不同分层。这里我们开发了一个小的银行管理应用,并将其部署到 tomcat 服务器上。

第 11 章　实现响应式设计模式

在本章中，我们将探讨 Spring 5 框架的一个重要特性，即响应式编程。Spring 5 框架使用 Spring Web 响应模块引入了这一新功能。我们将在本章中讨论这个模块，在讨论之前，先来了解一下什么是响应式模式，为什么它会越来越受欢迎。下面将从微软公司 CEO Satya Nadella 的发言开始讨论：

Every business out there now is a software company, is a digital company.

现今，所有的商业化企业都更侧重于软件和数字。

讨论的主题如下：
- 为什么是响应式模式
- 响应式模式原理
- 阻塞调用
- 非阻塞调用
- 背压
- 使用 Spring 框架实现响应式
- Spring Web 响应式模块
- 在服务端实现响应式
- 在客户端实现响应式
- 请求和响应主体类型的转换

11.1　了解多年的应用需求

如果回到 10 到 15 年前，那时的互联网用户很少，与今天的用户相比，在线门户的用户要少得多，如今我们无法想象没有电脑或者在线系统的生活。总之我们现在已经非常依赖计算机和网络来实现个人和商业用途，每种商业模式都在向数字化发展。印度总理莫迪先生发起了数字印度运动，以确保通过改进在线基础设施、增加互联网连接以及使该国在技术领域获得的数字化授权，以电子方式向公民提供政府的服务。

所有这些都意味着互联网用户的急剧增加,根据爱立信移动通信的报告:物联网(IoT)有望超越移动电话,成为最大的连接设备类型。

移动互联网用户的大幅增长,而且这种增长趋势会越来越明显,现在的基础架构和应用需求与十年前的对比如下表所例。

要 求	现 在	十年前
服务器节点	需要超过1000个节点	10个节点就足够了
响应时间	服务的请求与响应需要毫秒级别	花了几秒响应
维护停机时间	尽量短或者零停机时间	花几个小时维护
数据量	数据量从PB增加到TB	数据量以GB为单位

从上表可看到资源需求的差异,随着需求的不断增加,对请求响应时间的要求越来越高,而且计算机所承担任务的复杂性也增加了,这些任务不仅仅是数字上面的计算,而且还要从海量的数据中返回响应。因此需要通过计算机中的多核 CPU,来提升系统的整体性能,也可以利用多Socket 服务器进行组合。通过上面的分析,我们考虑的首先还是系统的响应,这也是第一个响应式的特征。

这一章将告诉我们系统在可变负荷、局部中断和程序故障等情况下如何做出响应。而现在系统是以分布式的方式部署以便有效的处理请求。

11.2 理解响应式模式

10 年前的系统无法满足我们现在的需求,我们需要一个能够满足所有用户需求的系统,无论是应用级还是系统级,这也意味着我们需要一个响应式系统。

反应性是响应式模式的特性之一,是想要一个具有高响应、弹性的、可伸缩的、消息驱动的系统,这个系统就是响应式系统,它更灵活、松耦合和可扩展。

系统需要对故障做出响应,并使系统保持可用,也就意味着这个系统必须是弹性的,系统能够对负荷条件做出响应,负荷条件是不能过载。这样系统就需要对这些故障事件做出反应,这就用到了事件驱动或者消息驱动。如果上述的这些特性都与一个系统相关,那么这个系统就是响应式的。也就是说,如果系统对用户做出了响应,那么这个系统就是响应式的,可以是系统级的,也可以是应用级的。

响应模式特性

以下是响应模式的特性：

● 响应：是现在每个应用都要具备的目标。

● 弹性：是使应用响应所必需的。

● 可扩展：是使应用响应所必需的，如果没有弹性和可扩展能力，就无法实现响应能力。

● 消息驱动架构：是可伸缩和弹性应用的基础，它使系统具有最终响应能力。消息驱动是基于事件驱动或 actor 的编程模型。

上述提到的这些要点是响应式模型的核心原则，下面来详细地探讨每个原则，并理解为什么要将这些全部应用在系统中，以便为应用提供高质量的响应式系统，该系统能够在毫秒内处理上百万个并发请求，而不会出现任何故障，如图 11.1 所示。

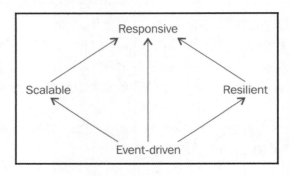

图 11.1　并发请求示意图

从图 11.1 中可以看到，我们需要系统具有响应特性，就需要可扩展和弹性，为了让系统具有这两个特性，就需要在应用中实现消息驱动或者事件驱动架构，而最终可扩展、弹性和事件驱动体系架构将使系统对客户端具有了高响应能力。

1. 响应

当我们说系统或者应用的响应时，就意味着系统或者应用在给定的时间内对所有用户的快速响应，这种响应可能是好的也可能是坏的，它只是确保了持续的用户体验。

系统的可用性和实用性都需要响应能力，响应式系统是指由于外部系统或因为流量高峰导致的系统故障，并且能够在用户不知道出现系统故障的情况下，能够被快速检测到并能够很快地进行处理；用户必须能够提供快速且一致的响应时间与系统进行交互；用户在与系统交互的过程中，系统不能出现故障，系统必须向用户提供持续的服务质量，这种行为能够树立用户对系统稳定性的信心。在各种条件下，快速和积极的用户体验使系统具有响应性，这主要取决于响应式程序或系统的另外两个特性，即弹性和可伸缩性。还有一个特性是事件驱动或消息驱动体系结构，为响应系统提供了全面的基础支持,如图 11.2 所示。响应系统依赖于系统的弹性和可伸缩性,而底层是消息驱动架构。接下来讨论响应式系统的其他特性。

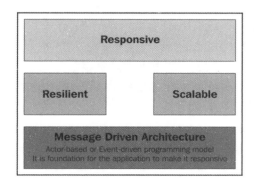

图 11.2 基础支撑

2. 弹性

当我们设计和开发系统时,应该考虑各种可能发生的情况,有好的情况,也有坏的情况。如果只考虑了好的情况,那么实施的系统在后面的几天很可能会产生严重的故障,这些故障还可能会导致停机和数据丢失,从而损害我们的产品在市场的信誉。因此,我们必须要考虑每个可能出现的情况,以确保程序在不同条件下的响应能力,这种系统或应用被称为弹性系统。

每个系统都必须具有弹性以确保其响应能力,如果系统没有弹性,那么在发生故障后,系统就失去了响应,因此当系统遇到故障时,系统必须能够做出响应。在整个系统中任何组件都有可能存在故障的可能性,所以系统中的每个组件都能够彼此进行隔离,以便在发生故障时,可以在不损害整个系统的前提下进行恢复。单个组件的恢复是通过复制来实现的,如果系统是弹性的,那么它就具有复制、遏制、隔离和委派四个特征。弹性系统的特征如图 11.3 所示。

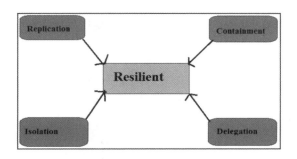

图 11.3 弹性系统的特征

这四个特征如下：

① 复制：确保在组件出现故障时，系统的高可用。

② 隔离：要求必须要隔离每个组件的故障，主要是通过尽可能多的分离组件来实现，系统需要隔离才能自我修复。如果系统具有隔离性，那么就可以轻松地测量每个组件的性能，还可以检查内存和 CPU 的使用情况。另外，组件的故障不会影响整个系统或者应用的响应能力。

③ 遏制：分离的结果是遏制了故障，它有助于避免整个系统出现故障。

④ 委派：失败后，将每个组件的恢复委派给另一个组件，只有当我们的系统可组合时才能使用。

现在的应用不仅依赖其内部基础结构，还要通过网络协议与其他 Web 服务集成，因此系统核心必须具有弹性，以便在不同情况下保持响应。这里所说的弹性不仅是应用级别的，还需要是系统级别的。

3. 可扩展

弹性和可扩展共同使系统具有始终如一的响应能力，可扩展和可弹性系统能够在不同的工作负载下轻松地进行升级。通过增加和减少分配给这些服务的资源，可以使响应系统按需进行扩展。通过为应用程序的可扩展性提供相关的实时性能来支持多种扩展算法，也可以通过相关软件或者廉价的硬件（例如云）来实现可扩展。

如果应用可以通过用途进行扩展，则可以通过以下几种方式进行扩展。

① 纵向扩展：利用多核系统中的并行性。

② 横向扩展：使用多个服务器节点，服务器位置的透明性和弹性对于横向扩展来说非常重要。

最小共享可变状态对于可扩展性是非常重要的。

注：弹性和可扩展性都是一样的，可扩展性的关键在于有效利用已有的资源，而弹性是系统需求变化时根据需要向应用添加新资源。因此不管如何，系统都可以通过使用现有资源或者向系统添加资源来实现响应。

接下来讨论弹性和可扩展性的底层基础，即消息驱动架构。

4. 消息驱动架构

消息驱动架构是响应式应用的基础，消息驱动程序可以是基于事件驱动和基于 actor 的程序，也可以是这两种情况的组合。

在事件驱动架构中，事件和事件观察者发挥主要作用，事件发生时不会定向到特定地址，事件侦听器侦听到这些事件并做出相应的处理，在消息驱动架构中，消息有一个正确的指向目的地的方向。事件或者消息驱动架构如图 11.4 所示。

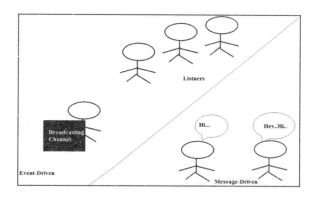

图 11.4　事件 / 消息驱动架构

在事件驱动架构中，如果产生了事件，监听器就会监听它。但是，在消息驱动的通信中，一个生成的消息是具有可寻址的接收者和单一通信。

异步消息驱动架构通过建立组件之间的限制作为响应系统的基础，它确保松耦合、隔离和位置透明，而组件之间的隔离完全取决于它们之间的松耦合，隔离和松耦合形成了弹性的基础。

大型的系统都具有多个组件，这些组件要么都是粒度较小的应用，要么就是具有响应性质，这就意味着响应式设计原则必须适用于所有级别的规模，使一个大型系统变得可组合。

从传统上看，大型系统里面有多个线程，这些线程以共享同步状态通信，而且往往具有强耦合性，且难以组合，也很容易发生阻塞。而到目前，几乎所有的大型系统都是由松耦合的事件处理程序组成，事件可以异步处理而不会发生阻塞。

什么是阻塞和非阻塞的编程模型呢？简单地说，响应式编程就是非阻塞的应用程序，它们采用异步和事件驱动，而且还需要少量的线程来做垂直扩展，而不是水平扩展。

11.3　阻塞调用

同一个系统中，一个调用可能会持有资源，而其他调用则在等待这个资源，这些资源只有在这个调用释放后，其他调用才能继续持有。

实际上，阻塞调用意味着应用或者系统需要较长时间才能完成的一些操作，如文件操作和使用阻塞驱动的数据库访问。系统中 JDBC 操作的阻塞调用图，如图 11.5 所示。

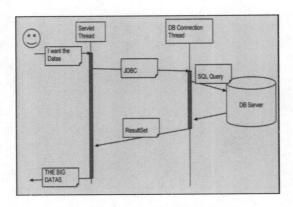

图 11.5　JDBC 操作的阻塞调用图

　　如图 11.5 所示,粗线部分显示的是阻塞操作,是用户调用 servlet 获取数据,然后使用 JDBC 与数据库进行连接和数据库相关操作,在此之前当前线程等待数据库的结果集。如果数据库服务器有延迟,则等待时间就可能增加,线程的执行取决于数据库服务器的延迟。

　　接下来讨论如何让以上流程变成非阻塞执行。

11.4　非阻塞调用

　　程序的非阻塞执行,意味着线程在不等待的情况下竞争资源。资源的非阻塞 API 允许不阻塞的调用(数据库访问和网络调用)资源,如果资源在调用时不可用,则将请求转到其他相关的工作,而不用等待被阻塞的资源;当阻塞的资源可用时,系统会收到通知。

　　图 11.6 显示了在没有阻塞线程执行的情况下访问数据的 JDBC 连接。

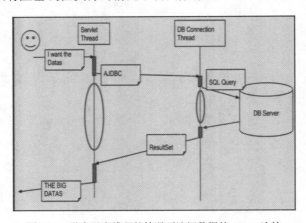

图 11.6　没有阻塞线程的情况下访问数据的 JDBC 连接

如图 11.6 所示,线程执行不会等待数据库的结果集,该线程为数据库建立连接和执行 SQL 语句。如果数据库服务器在响应中有延迟,则线程继续执行其他工作,而不是阻塞等待资源变为可用。

11.5　背　压

在过载的情况下,要永远不放弃响应式应用,背压是响应式应用的关键点,这是一种确保应用不会压倒消费者的机制,它测试响应应用程序的各个方面,可以在任何负载下优雅的测试系统响应。

背压机制确保系统在负载下具有弹性,在背压条件下,系统通过应用其他资源来帮助分配负载,从而使自身具有可扩展性。

到目前为止,我们已经学习了响应式模式的原理,这些原理都是强制性的,从而使系统在不同环境中响应,下面讲解 Spring 5 如何实现响应式编程。

11.6　使用 Spring 5 框架实现响应式

最新版本的 Spring 框架最突出的特性是新的响应式 Web 框架,响应式是带我们走向未来的。这一领域的技术日新月异,这就是为什么 Spring 5 框架具有了响应式编程的能力。这个功能添加使得 Spring 框架的最新版本便于事件循环处理,从而使用少量的线程进行扩展。

Spring 5 框架通过在内部使用 Reactor 实现其自身的响应来支持实现响应式编程模式。Reactor 是一种响应流实现,并且扩展了基本的响应流。

响应流

响应流(Reactive Streams)为无阻塞背压的异步流处理提供了协议或规则,Java 9 采用的也是这个标准,使用的是 java.util.concurrent.Flow 包。响应流由四个简单的 Java 接口组成,这些接口是 Publisher、Subscriber、Subcription 和 Processor。响应流的主要目标是处理背压,背压是接收器访问发射器数据量多少的过程。

Maven 依赖在程序中添加响应流如下:

```
<dependency>
        <groupId>org.reactivestreams</groupId>
        <artifactId>reactive-streams</artifactId>
```

```
                <version>1.0.1</version>
</dependency>
<dependency>
        <groupId>org.reactivestreams</groupId>
        <artifactId>reactive-streams-tck</artifactId>
        <version>1.0.1</version>
</dependency>
```

前面部分在程序中添加了响应流的依赖库,在接下来的部分我们将看到如何在 Spring Web 模块和 Spring MVC 模块中实现响应流。

11.7　Spring Web 响应流

从 Spring 5 框架开始,Spring 引入了一个用于响应式编程的新模块:spring web-reative 模块,它基于响应流,而且该模块使用 spring MVC 模块进行响应式编程。当然仍然可以将 Spring MVC 模块单独用于 Web 应用程序,也可以与 spring-web-reactive 模块一起使用。

Spring 5 框架中 spring-web-reactive 模块包含了对 reactive-web 功能的支持,而且基于注解的编程模型;spring-web-reactive 模块支持 reactive HTTP 和 WebSocket 客户端调用 reactive 服务器程序,允许 reactive 客户端与 reactive web 应用之间建立 reactive HTTP 连接。

图 11.7 显示了 spring-web-reactive 模块及组件,它们为 Spring Web 应用提供了响应行为。

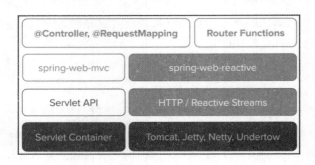

图 11.7　Spring—web—reactive 模块及组件

正如从图 11.7 中看到的那样,有两个并行的模块,一个是传统的 Spring MVC 框架,一个是 spring-web-reactive 模块。图 11.7 中左侧是 Spring MVC 框架的相关组件,如 @Controller、spring-web-mvc 模块、Servlet API 模块和 Servlet 容器,右侧是 spring-web-reactive 的相关组件,如路由功能、spring-web-reactive 模块、HTTP/Reactive Streams 模块和 Tomcat 的响应式版本等。

在图 11.7 中我们重点关注了模块的放置位置,同一级别的每个模块都在 Spring MVC 和 spring-web-reactive 模块之间进行了比较,比较结果如下:

- 在 Spring Web 响应模块中,Router 功能类似于 Spring MVC 中的 MVC 控制器,如 @Controller、@RestController 和 @RequestMapping 注解。
- Spring-web-reactive 与 Spring-web-MVC 模块并行存在。
- 在传统的 Spring MVC 框架中,Servlet 容器使用 Servlet API 来实现 HttpServletRequest 和 HttpServletResponse,但在 spring-web-reactive 框架中,使用了 HTTP/Reactive Streams,它支持响应式的 Tomcat 服务器下创建 HttpServletRequest 和 HttpServletResponse。
- 在传统的 Spring MVC 框架可以使用 Servlet 容器,而 spring-web-reactive 应用则需要一个支持响应式的服务器。Spring 为 Tomcat、Jetty、Netty 和 Undertow 都提供了响应式的支持。

在第 10 章中,我们学习了如何使用 Spring MVC 框架实现 Web 应用。接下来讨论如何使用 Spring-web-reactive 模块来实现 Web 应用。

1. 在服务端实现响应式 Web 应用

Spring 响应式 web 模块支持两种编程模型,分别是基于注解和基于函数的编程模型。

- 基于注解的编程模型:基于 MVC 框架注解,如 @Controller、@RestController 和 @RequestMapping 等,Spring MVC 框架支持注解,用于编写 Web 服务端程序。
- 基于函数的编程模式:这是 Spring 5 支持的一种新的编程范式,基于 Java8 的 Lambda 风格来处理,另外 Scala 也提供了这种编程范式。

基于 Spring boot 来为响应式 Web 应用添加 Maven 依赖如下:

```xml
<parent>
        <groupId>org.springframework.boot</groupId>
        <artifactId>spring-boot-starter-parent</artifactId>
        <version>2.0.0.M3</version>
        <relativePath/> <!-- lookup parent from repository -->
</parent>
<properties>
        <project.build.sourceEncoding>UTF-
        8</project.build.sourceEncoding>
        <project.reporting.outputEncoding>UTF
        -8</project.reporting.outputEncoding>
        <java.version>1.8</java.version>
</properties>
```

```
    <dependencies>
        <dependency>
            <groupId>org.springframework.boot</groupId>
            <artifactId>spring-boot-starter-webflux</artifactId>
        </dependency>
        <dependency>
            <groupId>org.springframework.boot</groupId>
            <artifactId>spring-boot-starter-test</artifactId>
            <scope>test</scope>
        </dependency>
        <dependency>
            <groupId>io.projectreactor</groupId>
            <artifactId>reactor-test</artifactId>
            <scope>test</scope>
        </dependency>
    </dependencies>
```

上面将 spring-boot-starter-webflux 和 reactor-test 的 maven 依赖添加到应用中了。

2. 基于注解的编程模型

我们可以使用第 10 章中的注解，在 Web 应用中实现 MVC 模式，Spring MVC 的 @Controller 和 RestController 等注解在响应式方面也得到了支持。传统的 Spring MVC 和带有响应式模块的 Spring Web 到目前来看没什么区别，而真正的区别是在用 @Controller 注解之后开始的。也就是说，进入 Spring MVC 内部时，是从 HandlerMapping 和 HandlerAdater 开始的。

传统的 Spring MVC 与 Spring Web 响应式之间的主要区别在于请求处理机制，不带响应的 Spring MVC 使用 Servlet API 阻塞处理 HttpServletRequest 和 HttpServletResponse 的请求，而 spring-web-reactive 框架是非阻塞的，它在响应的 ServerHttpRequest 和 ServerHttpResponse 上操作，而不是在 HttpServletRequest 和 HttpServletResponse 上操作。

带有响应式控制器的示例代码如下：

```
package com.packt.patterninspring.chapter11. reactivewebapp.controller;
import org.reactivestreams.Publisher;
import org.springframework.beans.factory.annotation.Autowired;
import org.springframework.web.bind.annotation.GetMapping;
import org.springframework.web.bind.annotation.PathVariable;
```

```
import org.springframework.web.bind.annotation.PostMapping;
import org.springframework.web.bind.annotation.RequestBody;
import org.springframework.web.bind.annotation.RestController;
import com.packt.patterninspring.chapter11.reactivewebapp.model.Account;
import com.packt.patterninspring.chapter11.reactivewebapp.repository.
      AccountRepository;
import reactor.core.publisher.Flux;
import reactor.core.publisher.Mono;

@RestController
public class AccountController {
        @Autowired
        private AccountRepository repository;

        @GetMapping(value = "/account")
        public Flux<Account> findAll() {
          return repository.findAll().map(a -> new Account(a.
          getId(), a.getName(),a.getBalance(), a.getBranch()));
        }

        @GetMapping(value = "/account/{id}")
        public Mono<Account> findById(@PathVariable("id") Long id){
          return repository.findById(id) .map(a -> new Account(a.
          getId(), a.getName(), a.getBalance(), a.getBranch()));
        }

        @PostMapping("/account")
        public Mono<Account> create(@RequestBody Publisher <Account>
        accountStream) {
          return repository
            .save(Mono.from(accountStream)
            .map(a -> new Account(a.getId(), a.getName(),
                a.getBalance(), a.getBranch())))
            .map(a -> new Account(a.getId(), a.getName(),
```

```
                a.getBalance(), a.getBranch()));
        }
}
```

通过上述代码，能看到在 AccountController 中使用了与 Spring MVC 相同的注解（如 @RestController ）来声明控制器类，而 @GetMapping 和 @PostMapping 两个注解用于为 get 请求和 post 请求创建处理方法。

接下来再来关注这些处理方法的返回类型。这些方法返回的是 Mono 和 Flux 类型，是响应式框架提供的响应蒸汽类型。此外，处理方法使用 Publisher 类获取请求正文。

Reactor 是 Pivotal 开源团队的 Java 框架，它直接在响应流上构建，因此不需要使用桥接器，Reactor IO 项目为 Netty 和 Aeron 等底层网络运行时提供了封装。根据 David Karnok 的响应分类，Reactor 是一个"第四代库"。

接下来使用函数式编程模型讨论如何实现同样的处理请求。

3. 函数式编程模型

函数式编程模型使用函数式接口（如 RouterFunction 和 HandlerFunction）的 API，它使用带有路由和请求处理的 Java 8 Lamdba 风格的编程，而没有用 Spring MVC 注解：

```java
package com.packt.patterninspring.chapter11.web.reactive.function;
import static org.springframework.http.MediaType.APPLICATION_JSON;
import static org.springframework.web.reactive. function.BodyInserters.
    fromObject;
import org.springframework.web.reactive. function.server.ServerRequest;
import org.springframework.web.reactive. function.server.ServerResponse;
import com.packt.patterninspring.chapter11. web.reactive.model.Account;
import com.packt.patterninspring.chapter11. web.reactive.repository.
    AccountRepository;
import reactor.core.publisher.Flux;
import reactor.core.publisher.Mono;

public class AccountHandler {
        private final AccountRepository repository;
        public AccountHandler(AccountRepository repository) {
            this.repository = repository;
        }
```

```
public Mono<ServerResponse> findById(ServerRequest request) {
    Long accountId = Long.valueOf(request.pathVariable("id"));
    Mono<ServerResponse> notFound = ServerResponse.
        notFound().build();
    Mono<Account> accountMono = this.repository.
        findById(accountId);
    return accountMono .flatMap(account -> ServerResponse.
        ok().contentType (APPLICATION_JSON).body(
            fromObject(account))).switchIfEmpty(notFound);
}

public Mono<ServerResponse> findAll(ServerRequest request) {
    Flux<Account> accounts = this.repository.findAll();
    return ServerResponse.ok().contentType (APPLICATION_
        JSON).body(accounts, Account.class);
}

public Mono<ServerResponse> create(ServerRequest request) {
    Mono<Account> account = request.bodyToMono(Account.class);
    return ServerResponse.ok().build(this. repository.
        save(account));
}
}
```

上述代码中，AccountHandler 类基于函数响应式编程模型，在这里可以使用 Reactor 框架来处理请求，还有两个功能接口，ServerRequest 和 ServerResponse 用于处理请求和生成响应。

对于程序的存储库代码，这两个类的 AccountRepository 和 AccountRepositoryImpl，对于基于注解和基于函数式编程模型来说都是一样的。

AccountRepository 接口代码如下：

```
package com.packt.patterninspring.chapter11. reactivewebapp.repository;
import com.packt.patterninspring.chapter11. reactivewebapp.model.Account;
import reactor.core.publisher.Flux;
import reactor.core.publisher.Mono;
```

```
public interface AccountRepository {
        Mono<Account> findById(Long id);
        Flux<Account> findAll();
        Mono<Void> save(Mono<Account> account);
}
```

AccountRepository 接口的实现类 AccountRepositoryImpl 的代码如下：

```
package com.packt.patterninspring.chapter11. web.reactive.repository;
import java.util.Map;
import java.util.concurrent.ConcurrentHashMap;
import org.springframework.stereotype.Repository;
import com.packt.patterninspring.chapter11.web. reactive.model.Account;
import reactor.core.publisher.Flux;
import reactor.core.publisher.Mono;

@Repository
public class AccountRepositoryImpl implements AccountRepository {
        private final Map<Long, Account> accountMap = new ConcurrentHashMap<>();
        public AccountRepositoryImpl() {
            this.accountMap.put(1000l, new Account(1000l, "Dinesh
                Rajput", 50000l, "Sector-1"));
            this.accountMap.put(2000l, new Account(2000l,
                "Anamika Rajput", 60000l, "Sector-2"));
            this.accountMap.put(3000l, new Account(3000l, "Arnav
                Rajput", 70000l, "Sector-3"));
            this.accountMap.put(4000l, new Account(4000l, "Adesh
                Rajput", 80000l, "Sector-4"));
        }
        @Override
        public Mono<Account> findById(Long id) {
            return Mono.justOrEmpty(this.accountMap.get(id));
        }
        @Override
        public Flux<Account> findAll() {
```

```
        return Flux.fromIterable(this.accountMap.values());
    }
    @Override
    public Mono<Void> save(Mono<Account> account) {
        return account.doOnNext(a -> { accountMap.put(a.getId(), a);
            System.out.format("Saved %s with id %d%n", a, a.getId());
                                }
                        ).thenEmpty(Mono.empty());
        // return accountMono;
    }
}
```

上述代码创建了 AccountRepository 接口类,里面共有三个方法:findById()、findAll() 和 save()。根据业务需要来实现这些方法,在类中使用了 Flux 和 Mono 两个 React 类型,使其成为基于响应的应用程序。

在基于注解的编程模型中,可以使用简单的 Tomcat 容器来部署应用程序,在为基于函数式编程模型创建服务器时,则需要为创建一个服务类来启动 Tomcat 服务器或 Reactor 服务器,代码如下:

```
package com.packt.patterninspring.chapter11.web.reactive.function;
//Imports here
public class Server {
        public static final String HOST = "localhost";
        public static final int TOMCAT_PORT = 8080;
        public static final int REACTOR_PORT = 8181;
        //main method here, download code for GITHUB

        public RouterFunction<ServerResponse> routingFunction() {
            AccountRepository repository = new AccountRepositoryImpl();
            AccountHandler handler = new AccountHandler(repository);
            return nest(path("/account"), nest(accept(APPLICATION_
                    JSON), route(GET("/{id}"), handler::findById)
            .andRoute(method(HttpMethod.GET), handler::findAll)).
            andRoute(POST("/").and(contentType (APPLICATION_
            JSON)), handler::create));
```

```
        }

        public void startReactorServer() throws InterruptedException{
            RouterFunction<ServerResponse> route = routingFunction();
            HttpHandler httpHandler = toHttpHandler(route);
            ReactorHttpHandlerAdapter adapter = new ReactorHtt
            pHandlerAdapter(httpHandler);
            HttpServer server = HttpServer.create(HOST, REACTOR_PORT);
            server.newHandler(adapter).block();
        }

    public void startTomcatServer() throws LifecycleException {
            RouterFunction<?> route = routingFunction();
            HttpHandler httpHandler = toHttpHandler(route);
            Tomcat tomcatServer = new Tomcat();
            tomcatServer.setHostname(HOST);
            tomcatServer.setPort(TOMCAT_PORT);
            Context rootContext = tomcatServer.addContext("",
                    System.getProperty("java.io.tmpdir"));
            ServletHttpHandlerAdapter servlet = new ServletH
                    ttpHandlerAdapter(httpHandler);
            Tomcat.addServlet(rootContext,
                    "httpHandlerServlet", servlet);
            rootContext.addServletMapping("/", "httpHandlerServlet");
            tomcatServer.start();
        }
    }
```

在 Server 类中添加了 Tomcat 和 Reactor 服务器,Tomcat 的端口号是 8080,而 Reactor 的端口号是 8081。

这个类有三个方法,第一个方法是 routingFunction(),负责使用 AccountHandler 类处理客户端请求,AccountHandler 类依赖 AccountRepository 类;第二个方法是 startReactorServer(),负责使用 Reactor 服务器的 ReactorHttpHandlerAdapter 类来启动 Reactor 服务器,这个类将 HttpHandler 类作为构造函数的参数来创建请求处理映射;第三个方法是 startTomcatServer(),负责启动 Tomcat 服务

器,它将 ServletHttpHandlerAdapter 与 HttpHandler 做适配。

将上述程序运行起来,通过在 URL 中输入 http://localhost:8080/account,来查看浏览器输出,如图 11.8 所示。

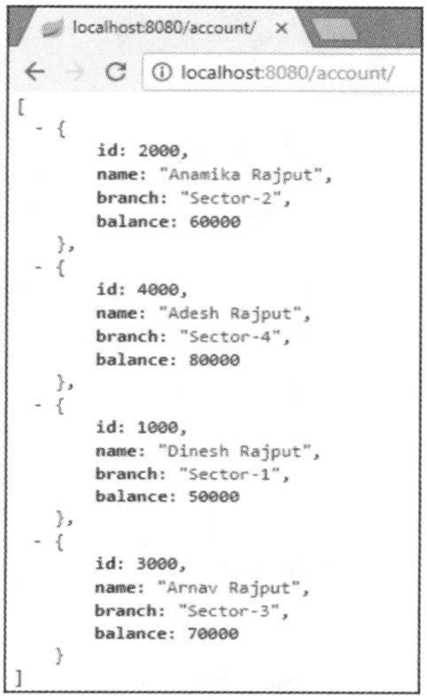

图 11.8 浏览器输出结果

还可以使用 Reactor 服务器,输入 URL http://localhost:8081/account,端口为 8081,将获取同样的输出。

至此,我们学习了如何使用 spring-web-reactive 模块创建响应式 Web 应用,使用基于注解和函数式编程模式创建 Web 应用。

接下来讨论客户端代码,以及客户端如何访问响应式 Web 应用。

4. 实现响应式客户端应用

Spring 5 框架引入了功能性和响应式的 WebClient,它是一个完全无阻塞并且灵活的 Web 客户端,是 RestTemplate 的替代品。它以 reactive ClientHttpRequest 和 ClientHttpResponse 的形式创建输入和输出,以 Flux<DataBuffer> 的形式来创建请求和响应的主体,代替了 InputSream 和 OuputStream。

看一下 Web 客户端的代码,这里创建了一个 Client 类:

```
package com.packt.patterninspring.chapter11.web.reactive.function;
    //Imports here
public class Client {
```

```
        private ExchangeFunction exchange = ExchangeFunctions.
            create(new ReactorClientHttpConnector());
    public void findAllAccounts() {
        URI uri = URI.create(String.format("http://%s:%d/
            account", Server.HOST, Server.TOMCAT_PORT));
        ClientRequest request = ClientRequest.method(HttpMethod.
            GET, uri).build();
        Flux<Account> account = exchange.exchange(request).
        flatMapMany(response -> response.bodyToFlux(Account.class));
        Mono<List<Account>> accountList = account.collectList();
        System.out.println(accountList.block());
    }

    public void createAccount() {
        URI uri = URI.create(String.format("http://%s:%d/
            account", Server.HOST, Server.TOMCAT_PORT));
        Account jack = new Account(50001, "Arnav Rajput", 500000l,
            "Sector-5");
        ClientRequest request = ClientRequest.method(HttpMethod.POST,
            uri).body(BodyInserters.fromObject(jack)).build();
        Mono<ClientResponse> response = exchange.exchange(request);
        System.out.println(response.block().statusCode());
    }
}
```

  Client 类是前面 Server 类的客户端类，它有两个方法：第一个方法是 findAllAccounts()，它从账户存储库中获取所有账户，使用 org.springframework.web.reactive.function.client. ClientRequest 接口，利用 http GET 创建对"http://localhost:8080/account/"的请求，使用 org.springframework.web.reactive. function.client. ExchangeFunction 接口来调用服务器，并以 JSON 格式获取结果。类似还有第二个方法是 createAccount()，通过 post 请求 http://localhost:8080/account 在服务器中创建新账户。

  运行这个 Client 类，并查看控制台的输出结果，如图 11.9 所示。

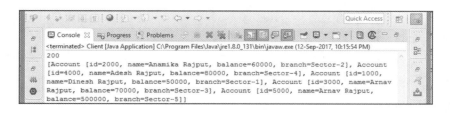

图 11.9　输出结果

程序中创建了一条新记录,并获取了所有的五条记录。

注:AsyncRestTemplate 也支持非阻塞交互,但不支持非阻塞流,从根本上来说,它还是基于 InputStream 和 OutputStream。

下一节将讨论响应式 Web 应用的请求和响应主体参数。

11.8　请求和响应体转换

第 10 章讨论了请求体和响应体的消息转换,从 Java 到 JSON,从 JSON 到 Java 对象等。同样,对于响应式 Web 应用也需要进行转换,Spring 的核心模块提供了响应式的编码器和解码器,以便能从对象类型序列化为 Flux 字节流。

以下是请求体类型转换的示例,开发人员不需要强制进行类型转换,Spring 框架会有两种方法自动进行转换,分别是基于注解和基于函数编程。

- Account account:这意味着无阻塞的调用 controller 对象之前,先反序列化账户对象。
- Mono<Account> account:AccountController 可以用 Mono 来声明逻辑,首先对账户对象进行反序列化,然后执行逻辑。
- Flux<Account> accounts:AccountController 可以使用 Flux 输入流的场景。
- Single<Account> account:这与 Mono 类似,但这里 Controller 使用 RxJava 对象。
- Observable<Account> accounts:这也与 Flux 情况类似,这种情况下 Controller 对象使用 RxJava 的输入流。

在前面列表的响应式编程模型中,我们看到了 Spring 框架的类型转换。在响应体的示例中返回类型如下:

- Account:不阻塞给定账户的情况下序列化,这是一个同步非阻塞的 Controller 方法。
- void:这是特定于基于注解的编程模型,当方法返回时请求处理完成,这是一个同步非阻塞的 Controller 方法。

● Mono<Account>：当 Mono 完成时,在不阻塞给定账户的情况下进行序列化。

● Mono<void>：请求处理在 Mono 完成时结束。

● Flux<Account>：用于流式场景中使用,SSE(Server Sent Event)依赖请求的内容类型。

● Flux<ServerSentEvent>：启用 SSE 流。

● Single<Account>：和上面的相同,但使用的是 RxJava。

● Observable<Account>：和上面相同,但使用的是 RxJava 的 Observable 类型。

● Flowable<Account>：和上面相同,使用的是 RxJava 的 Flowable 类型。

在上述处理程序中方法的返回类型,Spring 框架在响应式编程模型中进行了转换。

11.9　小　结

本章讲述了响应式模式和原理,它不是一个新的编程概念,而且在很久以前就出现了,但它却非常适合于现代应用程序的需求。

响应式编程有四个原则：响应式、弹性、可扩展性和消息驱动架构。响应式是指系统能在所有条件下响应。

Spring 5 框架通过 Reactor 框架和响应流为响应式编程模型提供了支持,Spring 也引入了新的模块是 spring-web-reactive,它通过使用 Spring MVC 的注解(@Controller、@RestTemplate 和 @RequestMapping)或使用 Java 8 的 Lambda 表达式的函数式编程方法,为 Web 应用提供了响应式编程方法。

在本章使用 spring-web-reactive 模块创建了一个 Web 应用,在 Github 上提供了相关代码,下一章将讨论并发模式的实现。

第 12 章　实现并发模式

在第 11 章中讨论了响应式设计模式，以及它如何满足目前应用程序的需求。Spring 5 框架为 Web 应用引入了反应式 Web 应用模块。在本章中，我们将探讨一些并发设计模式，以及这些模式如何解决多线程应用程序的常见问题。Spring 5 框架的反应式模块也为多线程应用程序提供了解决方案。

如果你是一位软件工程师或正在努力成为一位软件工程师，那么就必须了解"并发性"术语。在几何特性中，并行的圆或形状具有共同的中心点。这些形状的尺寸可能不同，但有一个共同的中心或中点。

这个概念在软件编程方面也是相似的。程序设计中的"并发程序设计"一词是指一个程序并行执行多个计算的能力，也是指一个程序在一段时间间隔内处理多个外部正在进行的活动的能力。

正如我们所说的软件工程，并发模式是有助于处理多线程编程模型的设计模式。一些并发模式如下：

- 使用并发模式处理并发
- 主动对象模式
- 监视器对象模式
- 半同步 / 半异步模式
- 领导者 / 跟随者模式
- 线程独有的存储库模式
- 反应器模式
- 并发模块的最佳实践

12.1　主动对象模式

并发设计模式中的主动对象模式将方法执行与方法调用进行分离，这种模式的目的是增强并发性，并且简化对驻留在它自己的线程控制中的对象的同步访问。它用于处理同时到达的多个客户端请求,还用于提高服务质量。基于并发和多线程的应用程序中的主动对象模式,如图 12.1 所示。

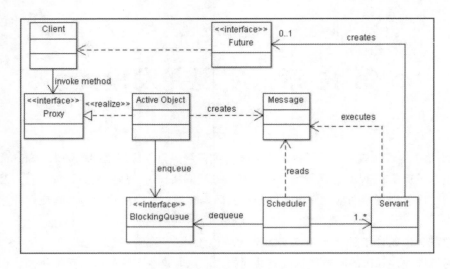

图 12.1　主动对象模式

如图 12.1 所示,这个并发设计模式存在以下组件:

① 代理(Proxy):代理提供一个接口,允许客户端来调用主动对象的可公共访问的方法。

② 执行者(Servant):它实现在代理接口中定义的方法。

③ 启用队列(Activation list):一个序列化列表,其中包含有代理创建的待处理的方法请求。它允许服务程序并发运行。

那么,这个设计模式是如何工作的呢? 好吧,答案是每个并发对象都属于或驻留在一个单独的控制线程中,并且独立于客户端的控制线程。这将调用它的一个方法,意味着方法执行和方法调用都发生在单独的控制线程中。但是,客户端将此过程视为一种普通方法。为了让代理在运行时将客户端的请求传递给执行者,两者必须在单独的线程中运行。

在这种设计模式中,代理在接收到请求后将设置一个方法请求对象并将其插入启用队列中。此方法执行两个任务:持有方法的请求对象并跟踪它可以在哪个方法请求上执行。请求参数和其他任何信息都包含在方法请求对象中,以便之后执行所需的方法。作为回报,此启用队列有助于代理和执行者同时运行。

12.2　监视器对象模式

监视器对象模式是另一种有助于多线程程序执行的并发设计模式。它是一种用于确保在一段时间间隔内的某个方法仅有一个对象可以执行,并将对象方法的访问同步化的设计模式。

与主动对象模式不同的是,监视器对象模式没有单独的控制线程。因此,它接收到的每个请求都在客户端的控制线程中执行,然后直到方法返回时访问才会被阻止。在一个时间间隔内,一个同步方法可以在一个监视器中执行。

监视器对象模式提供以下解决方案:

(1)同步边界由对象的接口定义,同时确保单个方法在单个对象中处于激活状态。

(2)必须确保所有对象都对需要同步的每个方法进行检查,并在不让客户端知道的情况下透明地序列化它们。另一方面,操作是互斥的,但是它们像普通方法调用一样被调用。使用等待和信号原语实现条件同步。

(3)为了防止死锁并使用可用的并发机制,当对象的方法在执行期间阻塞时,必须允许其他客户端访问该对象。

(4)当控制线程被方法自动中断时,不变量必须始终保持不变。

并发应用程序中的监视器对象模式,其说明如图 12.2 所示。

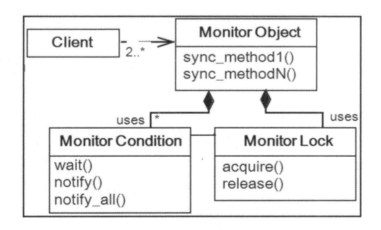

图 12.2 并发应用程序中的监视器对象模式

在图 12.2 中,客户端对象调用具有多个同步方法的监视器对象以及与监视器条件和监视器锁关联的监视器对象。这种并发设计模式的每个组件如下:

① 监视器对象(Monitor object):此组件公开与客户端同步的方法。

② 同步方法(Synchronized methods):对象接口提供的线程安全方法由这些方法实现。

③ 监视器条件(Monitor conditions):此组件和监视器锁一起决定同步方法是恢复其处理还是挂起它。

主动对象模式和监视器对象模式是并发设计模式的分支。

下面将讨论的另一种并发模式是并发架构模式的分支。

12.3 半同步 / 半异步模式

半同步 / 半异步的工作区别于全异步和全同步这两种处理类型,它可以在不影响程序性能的情况下简化程序。

在异步和同步业务中引入了两层内部通信,以处理中间有排队层的业务。

每个并发系统都包含异步和同步服务。为了使这些服务之间能够相互通信,半同步 / 半异步模式将系统中的服务划分层次。对此,它通过引入队列层传递消息使其进行内部通信。这种设计模式如图 12.3 所示。

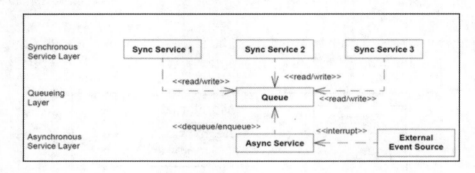

图 12.3　引入队列层传递消息

如图 12.3 所示,这里有三个分层:同步服务层(Synchronous Service Layer)、队列层(Queueing Layer)和异步服务层(Asynchronous Service Layer)。同步服务层包含与队列层的队列同步工作的服务,然后使用异步服务层的异步服务来异步执行。这一层的异步服务使用的是基于外部事件的资源。

以下是三个分层:

① 同步任务层:此层中的任务是主动对象。这些任务执行高级别的输入和输出操作,将数据同步传输到队列层。

② 队列层:此层提供同步和异步任务层之间所需的同步和缓冲。

③ 异步任务层:来自外部源的事件由该层中的任务处理。这些任务不包含单独的控制线程。

我们讨论了并发设计模式的半同步 / 半异步模式。接下来讨论另外一个并发模式:领导者 / 跟随者模式。

12.4 领导者 / 跟随者模式

事件源中的检测、多路复用、调度和服务请求的处理是在并发模型中以一种有效的方式进行的,其中多线程逐个处理事件源上的集合。半同步／半异步模式的另一个替代品是领导者／跟随者模式。为了提高性能，可以使用此模式代替半同步／半异步模式和主动对象模式。使用这种模式的条件是，在处理多个请求线程时，既不能有顺序约束，也不能有同步约束，如图 12.4 所示。

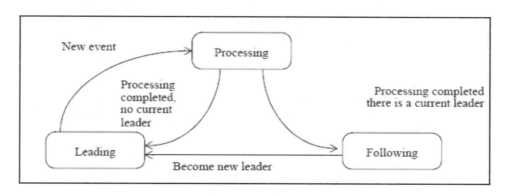

图 12.4　领导者／跟随者模式

此模式的重点工作是处理多个同时发生的事件。由于并发开销，可能无法将每个 socket 连接到单独的线程。此设计的突出特点是，可以复用线程和事件源之间的关联。当事件到达事件源时，此模式将建立一个线程池。这样做是为了高效地共享一组事件源。这些事件源依次解析到达的事件。此外，事件被同步地发送到应用程序服务进行处理。在由领导者／跟随者模式构造的线程池中，只有一个线程等待事件的发生，其他线程排队等待。当线程检测到一个事件时，跟随者被提升为领导者。然后，它处理线程并分派事件给应用程序的处理程序。

在这种类型的模式中，可以并发地处理线程，但只允许一个线程等待即将到来的新事件。

12.5　反应器模式

反应器模式用于处理从单个或多个输入源并发接收的服务请求。接收到的服务请求将被复用并发送到关联的请求处理程序。所有的反应器系统通常存在于单线程中，然而它们也被认为存在于多线程环境中。

使用此模式的主要好处是，应用程序组件可以根据模块化或可重用划分多个部分。此外，它允许简单的粗粒度的并发，而不需要系统中多线程的额外复杂性。反应器模式如图 12.5 所示。

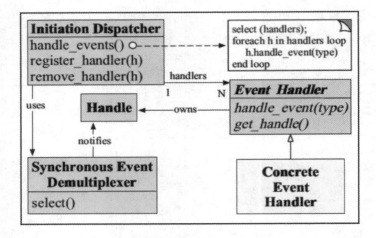

图 12.5　反应器模式

如图 12.5 所示,Dispatcher 使用多路复用通知 Handler,并且处理 Handler 对 I/O 事件执行要完成的实际工作。反应器通过调度适当的 Handler 来响应 I/O 事件。这里,Handler 执行非阻塞操作。图 12.5 包含此设计模式的以下组件:

① 资源(Resources):这些提供输入或输出的资源。

② 同步事件多路复用器(Synchronous event demultiplexer):通过事件循环阻塞所有资源。当存在同步操作时,资源将通过多路复用器发送到调度器,而不会阻塞。

③ 调度器(Dispatcher):请求处理程序(Request Handler)的注册或销毁由此组件处理。资源通过调度器分派到相应的请求处理程序(Request Handler)。

④ 请求处理程序(Request Handler):它处理调度器发出的请求。

现在,我们继续讨论最后一个并发设计模式,即线程独有的存储库模式。

12.6　线程独有的存储库模式

逻辑全局访问点可用于检索线程本地的对象。这种并发设计模式允许多个线程执行同一个方法。采取这样的做法并不会在每次访问对象时产生锁开销。有时,这个模式可以看作是所有并发设计模式的另类。这是因为线程独有的存储库模式通过对每个线程提供独有的内存空间来解决线程中资源共享的复杂性。

该方法看起来像是由应用程序的线程在普通对象上调用。实际上,它是在每个线程的独有内存空间上的调用。多个应用程序线程可以使用单线程特定对象代理来访问与每个应用程序线程关联的唯一线程特定对象。而这个线程特定对象的代理使用了应用程序线程标识符。

并发模块的最佳实践

下面列出了开发人员在执行并发场景时必须考虑的事项。当你有机会使用并发场景时要考虑以下最佳实践：

● 获取 executor：从 executor 框架获取 executor 提供实用程序类。各种类型的执行器提供特定的线程执行策略。下面是三个例子：

（1）ExecutorService newCachedThreadPool()：使用先前构建的线程（如果可用）来创建线程池。使用这种类型的线程池可以提高使用了短期的异步任务的程序的性能。

（2）ExecutorService newSingleThreadExecutor()：将无界队列中操作的工作线程来创建执行器。在这种类型中，任务被添加到队列中，然后它们将被逐个执行。在这种情况下，如果这个线程在执行过程中失败，将创建一个新线程并替换失败的线程，以便任务可以不中断地执行。

（3）ExecutorService newFixedThreadPool(int nThreads)：共享的无界队列中运行的固定数量的线程将被重用以创建线程池。在线程中，任务正在被积极处理中。当线程池中的所有线程都处于活动状态并提交新任务时，这些任务将添加到队列中，直到有线程可用于处理新任务。如果线程在执行器关闭之前失败，将创建一个新线程来执行任务。注意，这些线程池仅在执行器处于活动状态或打开状态时才存在。

● 使用 synchronized 结构来协作：如果可能，建议使用 synchronized 结构来协作。

● 不使用非必要的长任务和过载模式：众所周知，长任务会导致死锁、饥饿，甚至阻止其他任务正常工作。因此，较大的任务可以分解为多个小任务以获得适当的性能。过载也是避免死锁、饥饿等的一种方式。使用此选项，可以创建比可用线程数更多的线程。当一个长任务非常耗时的时候，这是非常高效的。

● 并发内存管理功能的使用：在某种情况下，强烈建议使用并发内存管理功能。例如，当对象的生命周期很短时，可以考虑使用它。Allot 和 Free 等方法用于释放和分配内存，而无须设置内存屏障或使用锁。

● 使用 RAII 管理并发对象的生命周期：RAII 是 Resource Acquisition Is Initialization 的缩写。这是管理并发对象生命周期的有效方法。

这都是关于并发场景的设计模式，它们可以用来处理和实现并发性。这些是并发程序最常见的几种设计模式。此外，我们还讨论了执行并发模块的一些最佳实践。希望这是一篇信息丰富的章节，帮助你理解并发设计模式是如何工作的。

12.7 小 结

本章介绍了几个并发设计模式以及这些模式的使用案例。虽然本章只介绍了并发设计模式的基本内容，却涵盖了主动对象模式、监视器对象模式、半同步／半异步模式、领导者／跟随者模式、线程独有的存储库模式和反应器模式。这些都是应用程序在多线程环境中并发设计模式的一部分。另外，还讨论了在应用程序中使用并发设计模式的一些最佳实践。